Bernhard Mosler · Treppe frei für die zweite Forschungsstruktur!

Bernhard Mosler

Treppe
frei
für
die
zweite
Forschungsstruktur
!

Inhalt

Die Nutzung digitaler Informationsnetze
macht den Glauben an die Ausschließlichkeit
disziplinären beziehungsweise interdisziplinären Forschens hinfällig
11

Zweite Forschungsstruktur – das Prinzip
12

Ergänzung der disziplinär-interdisziplinären Forschungsstruktur
13

Mit dem aus der zweiten Struktur hervorgehenden digitalen Informationsnetz
mehr Gelegenheiten zur Prüfung von Beiträgen zur Forschung
15

Trotz Publikationsflut
in Wissenschaften mehr Beiträge angemessen zur Geltung bringen
18

Weniger Forschung unterbliebe deswegen, weil keiner dafür zuständig ist
21

Größere Chance, im ganzen Kosmos oder großen definierten Teilen davon
mehr Zusammenhänge und Regelmäßigkeiten zu erkennen
23

Überwindbare Widersprüche
in Aussagen zu ein und demselben Forschungsgegenstand
würden eher seltener bestehen bleiben
25

Innerhalb der zweiten Forschungsstruktur könnte
scheinbar **schwer Erklärliches**
nicht der Zuständigkeit einer fremden Disziplin zugedacht werden
27

Erforschung von Körpern einer **Komplexität,**
die sich der geistigen Kapazität von Menschen entzieht
29

Gelangt ein Wissenschaftler zu keinen Fortschritten im Begreifen
eines bestimmten Gegenstandes, bezöge er eher die Möglichkeit
einer absoluten **Grenze der Erkenntnis** mit ein
33

Zugang zu mehr Sachkompetenz bei Entscheidungen
über die **Förderung wissenschaftlicher Projekte**
34

Gefürchtet, aber überwindlich:
Die **Klippe** vor der zweiten Forschungsstruktur
36

Suche nach einem **Namen:**
Indivabuno – Provisorium …
39

Wesentliche im **Schulunterricht** zu vermittelnde Informationen
über die Beschaffenheit unserer Welt würden leichter identifizierbar
39

Bessere Voraussetzungen für das Kennenlernen
von Inhalten aus einem riesigen **Datenknäuel**
42

Im Schulunterricht
teilweise **individueller komponierte Lerninhalte**
und dennoch allgemein anzuerkennende Ausbildungsabschlüsse
44

Das Netz zweiter Struktur als Lernmittel
45

Freiheiten zu persönlicher Selbstbestimmung
würden tendenziell leichter und umfänglicher erkennbar
47

Mehr Möglichkeiten zur subjektiven Vergewisserung,
persönlich akzeptabel sicher zu sein
48

Recherchen im Netz zweiter Struktur gegen den Zerfall von Vertrauen
51

Mehr Beurteilen von Risiken im eigenen Kopf
54

Unwägbarkeiten in computergestützt automatisierten Abläufen
56

Von Menschen geschaffene Verhältnisse,
die sich einer Risikobewertung auch mit dem Netz zweiter Struktur entziehen
58

Tendenziell mehr Kompetenz zur Existenzsicherung
nach daseinsrelevantem Computerversagen
59

Unternehmensführung
62

Von organisierter Verantwortungslosigkeit
zu mehr Nachweis persönlichen Verantwortlichseins
64

Recht: Option zu umsichtigerem Formulieren von Gesetzen
67

Man kann nicht alles von zentraler Stelle
mit Geboten, Verboten und Auflagen in einer beabsichtigten Weise lenken
67

Individuelle Grundrechte
69

Digitale Preisgabe persönlicher Informationen
und Wahrung der individuellen **Persönlichkeit**
71

Zugang zu mehr Kompetenz für Millionen Staatszugehörige,
von ihrer persönlichen Befindlichkeit aus
öffentliche Sicherheit stützen zu können
72

Zugang zu Informationen von **Medien** und individuelleres Sich-Informieren
75

Regieren eines Staates
bei begrenzter geistiger Kapazität der einzelnen Zugehörigen
79

Zugang zu größerer Kompetenz im Umgang
mit komplexen Daseinsbedingungen für Millionen Staatszugehörige,
um zentral entscheidende Personen von Aufgaben entlasten zu können
83

Zielführung politischer Entscheidungen
weniger abhängig von persönlichem **Expertenrat**
88

Mehr Befähigung, die Entwicklung einer **Volkswirtschaft**
im Sinne bestimmter Absichten zu beeinflussen
93

Durch **symmetrischeres Regieren**
die internationale Wettbewerbsfähigkeit eines Wirtschaftsraumes
tendenziell nachhaltiger sichern
96

Begrenzt **verfügbare Güter**
101

Verfügung über Geld
im privaten und Verfügung über Geld im öffentlichen Sektor
106

Ökonomisches **Wachstum**
113

Symmetrischeres Regieren und **Papiergeldwährungen**
119

Wahrnehmung individueller Grundrechte mit dem *Provisorium*
statt Reduktion der persönlichen **Geltung**
auf maschinenlesbare Merkmale
131

Digitale Überwachung
133

Geheimdienste
135

Medizin: Perspektiven für individuellere Heilverfahren?
139

Umweltschutz mit millionenfach individuell fokussierter Aufmerksamkeit
142

Die Nutzung des Netzes zweiter Struktur würde Konkurrenten
um die Vorherrschaft ihres jeweiligen Modells von einem »Gottesstaat«
die Begründung erschweren
152

Konvergieren von Zugehörigen mehrerer Staaten
157

Aus symmetrischerem Regieren resultierendes Weltregime
zur Gewährleistung übernationaler öffentlicher und rechtlicher Sicherheit
158

Mehr Optionen
zur Abschreckung vor übernationaler Beschädigung öffentlicher Sicherheit
173

Kein Wunder, wenn das Weltregime funktioniert
179

Gewinn an Freiheit und damit Eigenverantwortlichkeit für die Menschheit,
den Zusammenbruch selbst geschaffener Komplexität
in eine fernere Zukunft zu verschieben
180

Literaturhinweise
183

Die Nutzung digitaler Informationsnetze macht den Glauben
an die Ausschließlichkeit disziplinären
beziehungsweise interdisziplinären Forschens hinfällig

Unter Wissenschaftlern herrscht die Meinung vor, dass die Erforschung
unserer Welt allein mit disziplinären und von da ausgehend interdisziplinären Herangehensweisen erfolgen müsse. Diese durch eine lange
Erfolgsgeschichte für immer unumstößlicher gehaltene Annahme wird
allerdings umso kurzlebiger, je umfänglicher und länger die maschinenlesbaren Inhalte wissenschaftlicher Disziplinen in digitalen Informationsnetzen gespeichert und weiterentwickelt werden. Denn will man
einerseits digitale Netze in der Wissenschaft nicht mehr missen, andererseits die Aufteilung in wissenschaftliche Disziplinen wie in der Zeit vor
Einführung der digitalen Netze aufrechterhalten, dann müsste man jeder
wissenschaftlichen Disziplin ein von allen anderen Disziplinen isoliertes
digitales Netz zuordnen. Dieses Prinzip der voneinander isolierten, an
der Aufteilung der wissenschaftlichen Disziplinen orientierten digitalen
Netze wird aber schon in dem Moment durchbrochen, da sich Wissenschaftler verschiedener Disziplinen auf ein gemeinsames interdisziplinäres Projekt einlassen und zu diesem Zweck zwei oder mehr disziplinärwissenschaftlich orientierte digitale Netze zusammenschalten. Ist einmal
eine Barriere zwischen Daten verschiedener digitaler Netze gefallen, dann
neigen die Nutzer dieser Netze dahin, hemmungslos Verbindungen zwischen deren Daten zu knüpfen, sodass allmählich immer mehr von Menschen errichtete Barrieren zwischen verschiedenen wissenschaftlichen
Disziplinen eingeebnet werden und aus den mehreren Netzen schließlich
ein einziges wird. Mit dem damit einhergehenden Zerfall des an wissenschaftlichen Disziplinen orientierten Gefüges der Informationen bildet
sich eine neue Art ihrer Aufbereitung in dem digitalen Netz heraus. Dabei gehen – abgesehen von der verschwundenen Zuordnung bestimmter
Informationen zu einzelnen wissenschaftlichen Disziplinen – die in dem
Netz enthaltenen Informationen, Meinungen und vorläufig als gültig
angesehenen Erkenntnisse nicht oder nur soweit verloren, wie sich im
Abgleich der Daten herausstellt, dass ein und derselbe Inhalt mit ver-

schiedenen Begriffen bezeichnet wird und man sich auf einen einzigen Begriff verständigt.

Im Laufe eines bestimmten wissenschaftlichen Projektes können Wissenschaftler jenseits ihres disziplinären und gegebenenfalls von da ausgehenden interdisziplinären Rahmens in dem digitalen Netz auf Verknüpfungen mit Informationen stoßen, die keiner bestimmten Disziplin zuzuordnen sind. Um aus der Menge dieser Informationen im digitalen Netz die für das spezielle Forschungsprojekt relevanten Informationen treffsicherer, als es der Zufall will, zu identifizieren und in möglichst angemessener Gewichtung einzubeziehen, bedarf es einer besonderen Systematik im Vorgehen. Mit dem Entstehen dieser Systematik nimmt eine ihr gemäße Aufbereitung von Informationen über unsere Welt in dem digitalen Netz und damit eine ergänzende zweite Forschungsstruktur Gestalt an.

Zweite Forschungsstruktur – das Prinzip

In wenigen Worten, auf das Elementarste reduziert, lässt sich dies so beschreiben: In der zweiten Forschungsstruktur ist zuvorderst die Frage zu beantworten: Was haben alle Körper – einfachst ausgedrückt: alles, was aus Energie besteht und eingegrenzt zu definieren ist – für übereinstimmende Merkmale? Dann gilt es herauszufinden, was für übereinstimmende Merkmale alle substanziellen Körper – einfachste Definition: alle Körper, die in sich einen Ausgleich kleinerer Körper finden – aufweisen. Weiter geht es um übereinstimmende Merkmale in anders definierten großen Teilmengen aus allen Körpern. So kann man auch kleinere Teilmengen aller Körper in allen möglichen Kombinationen zusammenfassen und deren übereinstimmende Merkmale suchen, bis man sich schließlich mit den einzigartigen Merkmalen der einzelnen Körper befasst.

Ergänzung
der disziplinär-interdisziplinären Forschungsstruktur

Wissenschaftliche Disziplinen und von diesen aus unternommene interdisziplinäre Projekte haben viele Erkenntnisse hervorgebracht. Nichts spricht dagegen, die noch vorhandenen Potenziale disziplinärer und interdisziplinärer Denkansätze zum eingehenderen Begreifen des Kosmos weitestmöglich auszuschöpfen. Was man aus den Resultaten anwendungstechnisch macht, ob man sich diesbezüglich Beschränkungen auferlegt, steht auf einem anderen Blatt.

Speichert man Informationen, Meinungen und einstweilen für gültig gehaltene Erkenntnisse über unsere Welt digital in teilweise neuen Bezügen zueinander, so entsteht keine ganz andere Wissenschaft, welche die disziplinäre beziehungsweise interdisziplinäre Forschung substituieren könnte. Einer solchen ganz anderen Wissenschaft würde die Grundlage fehlen.

Bei der zweiten Forschungsstruktur kann es also nur um eine Ergänzung der ersten, der disziplinär-interdisziplinären Forschungsstruktur gehen. Denkt man allein an den wissenschaftlichen Fortschritt, dann ist die zweite Struktur so berechtigt, wie sie da, wo disziplinäre beziehungsweise interdisziplinäre Herangehensweisen Schwächen zeigen, erfolgversprechender erscheint, weiterführende Erkenntnisse über den Kosmos zu gewinnen.

Im Kontakt untereinander können Wissenschaftler sich gegenseitig zu Überlegungen und Vorhaben anregen, die nicht unbedingt jedem, auf sich allein gestellt, einfallen würden. Mit dem Auseinanderlaufen von disziplinären Wissenschaftszweigen sind die Kontakte zwischen Wissenschaftlern dieser Zweige aber tendenziell weniger geworden, weil mehr Trennlinien zwischen ihnen entstanden. Dabei ist ein Potenzial an Erkenntnissen, das auszuschöpfen die nötige Aufmerksamkeit fehlte, im Dunkeln geblieben. Die Aussichten, dieses Potenzial zu erschließen, wären in der zweiten Forschungsstruktur günstiger. Außerdem könnte das Arbeiten in der zweiten Struktur die disziplininterne wie fächerübergreifende Qualitätskontrolle in der ersten Struktur verbessern. Bedingung dafür wäre, dass die Inhalte der beiden Strukturen immer wieder untereinander abgeglichen werden.

Da die zweite die erste Forschungsstruktur nicht substituiert, sondern ergänzt, verliert mit der Einführung der zweiten Struktur das disziplinäre Qualifiziertsein keines Wissenschaftlers oder wissenschaftsbasiert anwendungstechnischen Experten seinen Wert. Vielmehr könnte derjenige, der es versteht, in beiden Strukturen zu arbeiten, tendenziell mehr aus seinen disziplinärwissenschaftlichen Kenntnissen machen als einer, der auf die erste Struktur beschränkt bleibt. Keine disziplinär oder interdisziplinär gewonnene Information, Meinung oder einstweilen für gültig befundene Erkenntnis, die sich – wenn auch nur mit geringer Aussicht – irgendwann einmal als nützlich erweisen könnte, würde wegen der Einführung der zweiten Forschungsstruktur unterdrückt.

Allerdings könnten disziplinäre beziehungsweise interdisziplinäre Beiträge der ersten Struktur aufgrund der zusätzlichen Prüfungsmöglichkeiten in der zweiten Struktur auf- oder abgewertet werden. Bei begrenzt zu verteilenden Mitteln für die Forschung und auch bei begrenzt verfügbarem, adäquat qualifiziertem Personal wird es voraussichtlich zu Situationen kommen, in denen man sich bei mehreren zur Wahl stehenden Forschungsvorhaben für das in Bezug auf bestimmte Merkmale vermeintlich aussichtsreichere Projekt der einen Struktur entscheiden und ein Vorhaben der anderen Struktur hintanstellen wird. Aber solchem Zwang zur Beschränkung sind bereits permanent disziplinäre und interdisziplinäre Forschungen unterworfen.

Mit dem aus der zweiten Struktur hervorgehenden digitalen Informationsnetz mehr Gelegenheiten zur Prüfung von Beiträgen zur Forschung

Die Aufteilung wissenschaftlicher Bemühungen zum genaueren Begreifen des Kosmos in immer kleinere Spezialgebiete verstärkt tendenziell das Selbstverständnis von Wissenschaftlern, auf einem bestimmten Gebiet der Forschung über Kenntnisse zu verfügen, die nur wenige andere auch haben. Denn je kleiner die Forschungsfelder werden, tendenziell umso weniger Wissenschaftler sind in einem speziellen Forschungsfeld tätig. Diese können sich eventuell durch eine nur von ihnen beherrschte Fachsprache vor ungebetenen Eindringlingen aus anderen Revieren schützen. Dies kann so weit gehen, dass ein Physiker einen anderen Physiker, ein Soziologe einen anderen Soziologen aufgrund ihrer auseinander entwickelten Spezialisierungen innerhalb ihrer ursprünglich gemeinsamen Disziplin nicht mehr versteht, der eine den anderen als fachlich inkompetent wahrnimmt und damit den wissenschaftlichen Austausch ablehnt. Im Einzelfall mag dies berechtigt erscheinen. Andererseits erweist es sich aber als kontraproduktiv, wenn Wissenschaftler sich ohne den Austausch in ihren Aussagen zu wenig gegenseitig kontrollieren und auch den Überblick verlieren, ob das, was sie erforschen, tatsächlich zu neuen Erkenntnissen führen kann und nicht an anderer Stelle bereits hinreichend erforscht worden ist. Je weniger ein Wissenschaftler dies überblickt, tendenziell umso unwahrscheinlicher beginnt er mit einem eigenen Projekt annähernd genau am aktuell höchsten, allgemein verfügbaren Kenntnisstand, den andere vor ihm erlangt haben. In der Tendenz verzögert dies den wissenschaftlichen Fortschritt.

Den nachteiligen Folgen, die gegenseitige Abschottung von Wissenschaftlern mit sich bringen kann, würde die Anwendung der zweiten Forschungsstruktur tendenziell entgegenwirken. Nachdem ein Wissenschaftler seinen Beitrag in ein digitales Informationsnetz der zweiten Struktur gestellt hat, würde dieser neue Beitrag barrierenfrei allen anderen, bereits in dem Informationsnetz versammelten Beiträgen ausgesetzt sein. Bei einer diesbezüglichen Recherche würde man in dem Netz nach übereinstimmenden Merkmalen des hinzukommenden Beitrages mit anderen wissenschaftlichen Beiträgen fragen. Bei der Durchsicht der Antworten fiele tendenziell eher auf, ob der neue Beitrag bloß bereits früher Erarbeitetes wiederholt oder eine weiterführende Überlegung enthält. Zur Ermittlung von Widersprüchen würde man im hinzukommenden Beitrag und Beiträgen, mit denen er teilweise übereinstimmt, nach nicht übereinstimmenden Merkmalen suchen und unter diesen einander unvereinbare Aussagen ermitteln. Gegebenenfalls könnten Unstimmigkeiten Bemühungen zu deren Auflösung veranlassen.

Angenommen, einem Wissenschaftler fällt gerade nichts ein, was sein Spezialgebiet voranbringen könnte. Er möchte aber unbedingt in seinem Fach Präsenz zeigen. So verfasst er einen digital lesbaren Beitrag, der inhaltlich lediglich bereits Publiziertes wiederholt. Aus wissenschaftsfernen Motiven ersetzt er eine in seinen Fachkreisen allgemein gebräuchliche Ausdrucksweise durch von ihm erfundene Synonyme, ohne dass dies beim bereits erreichten Stand der Wissenschaft zum Beschreiben dessen, worum es geht, eigentlich erforderlich wäre. Dann stellt sich die Frage, ob der Beitrag, in das digitale Netz der zweiten Forschungsstruktur gestellt, auf Nachfrage anderer träfe, die darin mit wissenschaftlicher Neugier recherchieren. Die Wahrscheinlichkeit dafür wäre eher gering. Denn alle im digitalen Netz der zweiten Struktur Recherchierenden würden nach übereinstimmenden Merkmalen von Beiträgen (Körpern) suchen. Je weniger gebräuchlich sich ein Wissenschaftler in dem Netz ausdrücken würde, umso unwahrscheinlicher könnte dieses übereinstimmende Merkmale zwischen dem Beitrag und anderen Beiträgen identifizieren. Entsprechend tendenziell umso seltener würden andere Nutzer des digitalen Netzes auf seinen Beitrag aufmerksam. Für den Fortschritt der Wissenschaft zu dem besonderen Gegenstand wäre das Desinteresse an dem Beitrag allerdings irrelevant. Ein Wissenschaftler hingegen, dem etwas eingefallen ist, wovon er glaubt, dass es der eingehenderen Erkundung eines besonderen Gegenstandes dient, und der seine Einsichten im Netz der zweiten Struktur bekannt zu machen versucht, würde möglichst alles, was diesbezüglich in seinem Fach bereits erforscht und beim aktuellen Stand als gültig anerkannt ist, in der dafür gebräuchlichsten Terminologie ausdrücken und nicht mehr neue Begriffe einführen als sachlich erforderlich, um seine daran anknüpfende vermeintlich oder tatsächlich neue Idee zu erläutern. Damit würde er seinen Beitrag in dem Netz der relativ günstigsten Position annähern, um in Antworten des Netzes auf Recherchen von Nutzern aus Kreisen, in denen er sich persönliche Geltung erhofft, Aufmerksamkeit zu erregen. Je häufiger sein Beitrag Beachtung fände, tendenziell umso öfter wäre dieser einer Prüfung ausgesetzt. Insoweit der als kreativ beabsichtigte Teil des Beitrages diese Konfrontationen aushielte, trüge er zum Fortschritt in der wissenschaftlichen Erkundung des betreffenden Gegenstandes bei.

Trotz Publikationsflut in Wissenschaften
mehr Beiträge angemessen zur Geltung bringen

»Auf dem Gebiet der Hirnforschung erscheinen jedes Jahr etwa 100 000 wissenschaftliche Publikationen. Kein Forscher auf diesem Gebiet kann das alles lesen: Es ist völlig unmöglich, zur Kenntnis zu nehmen, was all die anderen Wissenschaften leisten. Wenn man sehr fleißig ist, dann studiert man mit Konzentration in einem Jahr vielleicht 100 wissenschaftliche Arbeiten und nimmt 1000 zur Kenntnis. Man kommt also nur mit Mühe an die Ein-Prozent-Grenze heran, und die meisten lesen sogar sehr viel weniger. Die fehlenden 99 Prozent der wissenschaftlichen Veröffentlichungen enthalten aber auch wichtige Erkenntnisse. Woher soll man nun wissen, dass die Informationen, die einen wirklich weiterbringen, nicht irgendwo in der ungelesenen Masse stecken? Wie wählt man aus, was man liest und was nicht?«

Ernst Pöppel und Beatrice Wagner (1)

Zwar lassen sich viele Publikationen eindeutig einer bestimmten wissenschaftlichen Disziplin zuordnen. Doch gibt es auch Publikationen, deren Zuweisung nicht so unstrittig möglich ist. Je höher die Zahl solcher Publikationen ist, tendenziell umso schwerer fällt es, eine klare Aussage über die Quantität der in einem gewählten Zeitraum einer bestimmten Disziplin zuwachsenden Publikationen zu treffen. Unabhängig davon, ob sich solche Zahlenangaben wie in dem Zitat auf die Hirnforschung oder irgendeine andere wissenschaftliche Disziplin beziehen, können die Meinungen darüber, wie viel Aufmerksamkeit ein Wissenschaftler mit welchen Vorkenntnissen einer wissenschaftlichen Publikation bestimmter Thematik und bestimmten Umfangs zuwenden muss, an welchen Kriterien der Grad der Aufmerksamkeit immer wieder gleich objektiv ermittelt und wie das Leseverhalten eines jeden Wissenschaftlers zuverlässig dokumentiert werden soll, damit eine wissenschaftliche Publikation als von einer Person mit Konzentration studiert in eine Statistik aufgenommen werden darf, weit auseinander gehen. So sind die Zahlenangaben in dem Zitat wie entsprechende Äußerungen anderer Autoren mehr gefühlt als objektiv belegbar. Gleichwohl unstreitig weisen Pöppel und Wagner

18

auf ein Dilemma hin, mit dem Forscher auf vielen Gebieten permanent konfrontiert sind: In allen wissenschaftlichen Disziplinen wird publiziert. Je größer die Menge der Publikationen in einer Disziplin wird, umso weniger sind die einzelnen betroffenen Wissenschaftler dazu in der Lage, all diese Veröffentlichungen zur Kenntnis zu nehmen und zu prüfen, ob darin für die eigene weitere Forschung in irgendeiner Hinsicht Relevantes enthalten ist. Je mehr wissenschaftliche Beiträge nur der jeweilige Autor kennt und darüber hinaus unbemerkt bleiben, umso wahrscheinlicher enthalten einige dieser Beiträge auch Inhalte, die zu weiterführenden Überlegungen anregen könnten. Tendenziell umso eher verzögert sich durch das Brachliegen dieser Inhalte der weitere wissenschaftliche Fortschritt. Muss Wissenschaft sich damit abfinden?

Angenommen, ein Wissenschaftler wird als solcher in seiner Fachwelt und darüber hinaus nur noch anerkannt, wenn er seinen Beitrag in das digitale Informationsnetz stellt, das der zweiten Forschungsstruktur folgt. Konfrontiert mit den bereits in diesem Netz versammelten Beiträgen geht es nun darum, inhaltliche Übereinstimmungen zwischen den Beiträgen festzustellen, aber auch Widersprüche offenzulegen und aufzuklären. Daran ist der Autor des hinzugekommenen Beitrages wie im Übrigen alle Autoren von wissenschaftlichen Beiträgen zu dem digitalen Netz nicht nur als um sein Ansehen besorgter Forscher interessiert. Denn er ist immer auch ein Laie auf allen Gebieten, in denen er sich nicht so gut auskennt, und erwartet als solcher, dass das digitale Netz, in dem er sich für seine Zwecke informiert, möglichst zuverlässige Auskünfte auf dem aktuell möglichen, allgemein verfügbaren Kenntnisstand erteilt. Treten zwischen dem hinzugekommenen Beitrag oder einem Teil davon und anderen Beiträgen im digitalen Netz zweiter Struktur aktuell keine irgendwie interessierenden Übereinstimmungen oder Widersprüche hervor, dann vielleicht später einmal. Für diese Eventualität bliebe der hinzugekommene Beitrag vollständig im Netz zweiter Struktur verfügbar. Soweit irgendwie irgendwann wissenschaftlich relevant, käme der Beitrag im Netz zweiter Struktur zur Geltung, solange dieses genutzt wird – und zwar auch dann, wenn der Wissenschaftler in seinem Fachgebiet wenig bekannt ist, von keinen Fachkollegen zitiert wird und über die Veröffentlichung des Beitrages hinaus keine Medien davon berichten.

Besser ließe sich nicht gewährleisten, dass möglichst wenigen für den wissenschaftlichen Fortschritt wichtigen Beiträgen – sei es aus naturbedingt begrenzter Auffassungsgabe der einzelnen, mit der Publikationsflut konfrontierten Forscher oder aus wissenschaftsfernen Beweggründen – die ihnen gebührende Aufmerksamkeit versagt bleibt.

Weniger Forschung unterbliebe deswegen, weil keiner dafür zuständig ist

Wer als Wissenschaftler nur disziplinär forscht, verfügt über einen ihm zugestandenen Kompetenzrahmen. Die Fragen, die er auf der Suche nach weiterführenden Erkenntnissen stellt, macht er meist vorrangig davon abhängig, ob sein Kompetenzrahmen ihm diese Fragen gestattet. Aber viele mögliche Forschungsgegenstände sprengen die willkürlich vereinbarten Kompetenzaufteilungen. Zwar kann sich ein disziplinärer Wissenschaftler über sein Fachgebiet hinaus mit Forschungsgegenständen befassen, die mehrere Fachgebiete einschließen, indem er sich auf ein interdisziplinäres Forschungsprojekt einlässt. Aber es kann bereits schwierig für ihn sein zu überblicken, welche Wissenschaftler anderer Disziplinen sich für das Vorhaben besonders eignen. Sind die Wissenschaftler ausgewählt und arbeiten zusammen, dann bringt jeder nur eine Auswahl seiner Kenntnisse – solche, die er für relevant hält – in das Projekt ein. Dies ist kein systematisches Ausschöpfen der Forschungspotenziale.

Dem Kompetenzrahmen eines Wissenschaftlers, der darüber hinaus die zweite Forschungsstruktur nutzt, wären zwar auch Grenzen gesetzt. Dennoch unterschiede er sich erheblich von einem nur disziplinär beziehungsweise interdisziplinär arbeitenden Wissenschaftler. Kompromisslos im Mittelpunkt stünde beim Wissenschaffen in der zweiten Struktur immer der Forschungsgegenstand, nicht der Kompetenzrahmen, der dem Forschenden zugebilligt worden ist. Wenn es der Gegenstand verlangt, würde der Forschungswillige zunächst einmal völlig die Umzäunungen seines und aller anderen Fachgebiete ignorieren. Mit dem Recherchieren nach übereinstimmenden Merkmalen bestimmter Körper brächte er systematischer alle beim aktuellen allgemeinen Kenntnisstand in digitalen Netzen verfügbaren relevanten Daten zusammen. Erst dann würde er prüfen, ob alle gefundenen Daten durch seinen persönlichen Kompetenzrahmen abgedeckt sind. Stellt der Wissenschaftler fest, dass ihm die Qualifikation für etwas Bestimmtes fehlt, könnte er diesbezüglich qualifizierte Wissenschaftler zu seinem Projekt hinzuziehen oder sich selbst zusätzlich qualifizieren, soweit ihm entsprechende Optionen offenstehen.

Für die eigene zusätzliche Qualifikation benötigte er mit seinem Zugang zur zweiten Forschungsstruktur seltener als bei alleiniger Verfügbarkeit der ersten Struktur ein weiteres vollständiges disziplinäres Studium. Denn die entsprechend der zweiten Struktur digital aufbereiteten Inhalte würden auf eine allgemein anzuerkennende Weise in Lernportionen aufgeteilt. Wer in einer bestimmten Disziplin der ersten Struktur einen akademischen Abschluss erlangen möchte, würde zwar wie zuvor mit relativ viel Aufwand Kenntnisse in einer vorgeschriebenen Kombination von Lernportionen erwerben, die man zusammen auch als Lernpaket bezeichnen kann. Doch darüber hinaus könnte der Lernwillige sich sein Leben lang mit meist geringerer Anstrengung in einzelnen Lernportionen qualifizieren. Der individuellen Kombination in der Aneignung von Lernportionen wären nur da Grenzen gesetzt, wo das Begreifen des Inhaltes einer Lernportion das Beherrschen einer Lernportion elementareren Inhaltes voraussetzt.

Zöge ein Wissenschaftler für sein Projekt anders qualifizierte Wissenschaftler hinzu, dann würde er auf der Suche danach nicht unbedingt zuvorderst darauf achten, welcher wissenschaftlichen Disziplin in der ersten Struktur die infrage kommenden Personen zuzuordnen sind. Mit dem Bekanntsein der individuellen Kombinationen der Lernportionen, in denen mehrere zur Wahl stehende Wissenschaftler qualifiziert sind, würde er eventuell präzisere Anhaltspunkte dafür finden, welcher von diesen Wissenschaftlern hinsichtlich der theoretischen Kenntnisse zur Mitwirkung an dem Projekt voraussichtlich am relativ besten geeignet ist.

Stellt ein Wissenschaftler bezüglich eines besonderen Gegenstandes Fragen, für deren Beantwortung keine Disziplin der ersten und auch noch niemand in der zweiten Struktur zuständig ist, so könnte er frei von dem in der ersten Forschungsstruktur gültigen Verbot, seine disziplinäre Kompetenz zu überschreiten, sowie in der Tendenz weniger mühsam als bei ausschließlicher Verfügbarkeit von Netzen der ersten Struktur die zur Beantwortung seiner Fragen relevanten und digital verfügbaren Informationen im Netz zweiter Struktur zusammentragen. So würde es unwahrscheinlicher, dass etwas Bestimmtes allein deswegen nicht erforscht wird, weil alle Wissenschaftler meinen, dies läge außerhalb ihrer Zuständigkeit.

Größere Chance, im ganzen Kosmos oder großen definierten Teilen davon mehr Zusammenhänge und Regelmäßigkeiten zu erkennen

Während in den wissenschaftlichen Disziplinen, die sich mit der Beschreibung unserer Welt befassen, bei zunehmender Spezialisierung Zusammenhänge und Regelmäßigkeiten, die im ganzen Kosmos oder großen definierten Teilen davon gelten, tendenziell weniger Aufmerksamkeit auf sich ziehen, liegt die Stärke der zweiten Forschungsstruktur gerade darin, universal oder in großen Teilen des Kosmos Gültiges in den Mittelpunkt der Betrachtung zu stellen.

Beispielsweise hat man trotz aller Bemühungen, genauer zu durchschauen, was – an dieser Stelle simplifiziert ausgedrückt – Geistiges und Materie füreinander bedeuten, diesbezüglich noch immer viel Ungewissheit vor sich. Doch deren Zusammengehörigkeit erfährt jeder Mensch »bewusst« alle Tage, an denen er seiner Sinne mächtig ist. Für ein wechselseitiges Bedingtsein zwischen dem Geistigen und der Materie spricht nicht nur ein subjektiv erfahrbares Empfinden, sondern auch, dass der Mensch eine Einheit bildet, als solche nicht in voneinander isolierten Merkmalen zu verstehen ist. Dass Menschen sich nicht isoliert vom übrigen Kosmos entwickelt haben, unterstützt die Vermutung, dass das Geistige und sein Bezogensein auf Materie über uns Menschen hinaus Ausdruck von etwas dem zugrundeliegenden, allgemeiner Gültigen sein könnte. Hält man dies für plausibel oder zumindest nicht für ausgeschlossen, dann ist der Versuch, im Rahmen der inhaltlichen Gestaltung der zweiten Forschungsstruktur mit einem Gedankenmodell zu zeigen, von was für einer über den Menschen hinaus gültigen Regel das Geistige in Korrelation zur Materie bestimmt sein könnte, nur konsequent. Denn in der zweiten Struktur kommt dem Bemühen, möglichst viele übereinstimmende Merkmale zwischen verschiedenen Körpern zu identifizieren – in diesem Fall zwischen Menschen und nichtmenschlichen Körpern – eine besondere Bedeutung zu. Beim Studium des Konzeptes, das der Autor in *Das Einzigartige weg vom Einen* (2006) vorbereitet hat, trifft der Leser auf ein Gedankenmodell, das zwar die Termini Geistiges und Materie meidet, gleichwohl Ausgangspunkt sein kann für weitere Überlegungen über den Zusammenhang zwischen dem, was – so weit verbreitet wie unscharf – mit den beiden Begriffen gemeint ist. Angenommen, dieses Gedankenmodell hielte empirischen Befunden nicht stand und würde die Gegebenheiten auch in keiner Modifizierung widerspruchsfrei erfassen: Bedeutete dies das Scheitern der zweiten Forschungsstruktur? Gewiss nicht. Man würde feststellen, bis auf Weiteres von weniger übereinstimmenden Merkmalen aller Körper oder einer definierten Teilmenge daraus zu wissen, als erhofft. Das Gedankenmodell würde im digitalen Netz zweiter Struktur präsent bleiben. Einhergehend mit dem weiteren wissenschaftlichen Fortschritt würde das Netz immer dann in Antworten auf Fragen nach übereinstimmenden Merkmalen von Körpern auf das Gedankenmodell hinweisen, wenn es um Merkmale geht, die das Gedankenmodell ausmacht oder beschreibt. Wie brauchbar oder untauglich das Gedankenmodell ist, wird erst in dem Moment am definitivsten zu beurteilen sein, wenn die Wissenschaft zusammen mit dem digitalen Netz zweiter Struktur ihr Ende finden wird.

Dieses hier erwähnte Detail wie alles andere in dem Konzept aus *Das Einzigartige weg vom Einen* ist dazu da, so oft, wie es geboten erscheint, weiterentwickelt zu werden. Wichtig ist nur, dass unterdessen das Ziel, die zweite Forschungsstruktur beziehungsweise das ihr entsprechende digitale Informationsnetz zu schaffen und später funktionsfähig zu halten, nicht aus dem Blick gerät. Dann hat das Konzept seinen Zweck erfüllt.

Überwindbare Widersprüche
in Aussagen zu ein und demselben Forschungsgegenstand würden eher seltener bestehen bleiben

Dass zwei Wissenschaftler ein und denselben Gegenstand erforschen und zu einander widersprechenden Ergebnissen gelangen, ist nichts Außergewöhnliches. Aber wie gehen sie mit einer solchen Diskrepanz um? Wissenschaftlich ist das Bemühen herauszufinden, wie es zu den unterschiedlichen Ergebnissen gekommen ist. Angenommen der Grund liegt darin, dass der eine Wissenschaftler die Informationsmenge A beachtet und die Informationsmenge B für weniger wichtig gehalten hat, hingegen der andere Wissenschaftler die Informationsmenge B in den Mittelpunkt seiner Überlegungen gestellt und die Informationsmenge A als unerheblich betrachtet hat. Gegebenenfalls liegt es im Interesse der Wissenschaft, dass sich jeder die Informationsmenge genauer anschaut, die der andere berücksichtigt hat, und dass sie von da aus beide entweder zwei verschiedene Resultate anerkennen; oder dass sie die verschiedenen berücksichtigten Informationsmengen zu einer gemeinsamen Informationsbasis zusammenführen und von da aus versuchen, zu einem einzigen unstrittigen Ergebnis zu gelangen. Doch verhalten sich die Wissenschaftler, wenn sie beide nur disziplinär forschen, auch so? Nicht unbedingt. Beide sind darin geschult und daran gewöhnt, vorzugsweise Informationen zu beachten, welche die ihnen zugestandene Fachkompetenz betreffen und Informationen darüber hinaus tendenziell zu vernachlässigen. Wenn sie innerhalb ihres Fachbereiches mit zu vielen eventuell für ihr Projekt relevanten Informationen konfrontiert sind, als dass sie alle diese Informationen in ihre Überlegungen einbeziehen könnten, wählen sie – jeder auf seine Weise, ausgehend von seinen theoretischen Kenntnissen und Erfahrungen – einige Informationen als maßgeblich aus, gewichten diese Informationen eventuell untereinander und ignorieren alle anderen. Die mehr oder weniger willkürliche Selektion von Informationen kann so selbstverständlich für die beiden Wissenschaftler sein, dass ihnen nicht unbedingt auffällt, wenn entweder beide von ihren jeweiligen unterschiedlich komponierten Informationsmengen aus zutreffende

Schlüsse gezogen oder wenn sie die im Hinblick auf das Forschungsziel zu berücksichtigenden Informationen unzulänglich ausgewählt haben und dies eigentlich korrigieren müssten. Davon abhalten, die vom anderen Wissenschaftler berücksichtigte Informationsmenge genauer zu durchleuchten, können sich Wissenschaftler auch dadurch, dass jeder in einer individuellen Zusammenstellung beachteter Informationen eine Chance sieht, sich mit seinem Beitrag von den Beiträgen anderer Wissenschaftler abzuheben, darauf spekulierend, auf diese Weise in Fachkreisen das eigene Ansehen vergrößern zu können. Ebenfalls kann ein Wissenschaftler unter Druck geraten, sich innerhalb seiner Disziplin der einen oder anderen Gruppe anzuschließen, die sich auf Basis selektierter Informationen zu einer bestimmten Denkrichtung bekennt, und die Arbeit einer dazu in Opposition stehenden Gruppe von Forschern, die von anders zusammengestellten Informationen aus bestimmte Phänomene deuten, vorzugsweise ungeprüft pauschal ablehnt.

Gegen solche, dem Erkenntnisfortschritt abträgliche Selektion von Informationen zu einem bestimmten Gegenstand der Forschung wären Wissenschaftler, die zusätzlich die Möglichkeiten der zweiten Forschungsstruktur und der daraus hervorgehenden digitalen Aufbereitung von Informationen auszuschöpfen versuchen, eher gefeit. Ihre Aufmerksamkeit würde von Beginn ihres Vorhabens an der adäquaten Auswahl und Gewichtung aller zu berücksichtigenden Informationen gelten – unabhängig von den ihnen persönlich zugestandenen disziplinären Kompetenzrahmen. Dass sie von unterschiedlich zusammengestellten Informationen aus zu unterschiedlichen Ergebnissen über ein und denselben Forschungsgegenstand gelangen und es auf absehbare Zeit dabei belassen festzustellen, dass ihre Ansichten unversöhnlich gegeneinander stehen, würde tendenziell seltener vorkommen.

Innerhalb der zweiten Forschungsstruktur könnte
scheinbar schwer Erklärliches nicht der Zuständigkeit
einer fremden Disziplin zugedacht werden

Angenommen Wissenschaftler, die bestimmte Teile oder Aspekte des Kosmos genauer zu begreifen versuchen, setzen sich das Ziel, über die Beobachtung und Analyse eines bestimmten einzelnen Körpers hinaus eine für mehr Körper gültige Naturgesetzlichkeit zu entdecken oder das Verhalten einer Mehrzahl von Körpern mit einem Gedankenmodell zu erklären. Begegnet Wissenschaftlern, die an dieser Erwartung orientiert sind und nur disziplinär beziehungsweise interdisziplinär arbeiten, ein Phänomen, dessen Individualität sie so nicht beschreiben können, ist es ziemlich leicht für sie, das Phänomen aus ihrer Aufmerksamkeit zu verbannen, als ob es nicht vorhanden wäre. Denn wer in der Klärung irgendeiner wissenschaftlichen Frage nicht weiterkommt, kann sich mit der Hoffnung zufrieden geben: Zwar ist in meiner Disziplin das besondere Phänomen nicht genauer zu ergründen. Aber es gibt noch andere Disziplinen. In einer von denen wird man bestimmt mehr über den Forschungsgegenstand herausfinden. Beispielsweise handelt die Volkswirtschaftslehre von wirtschaftenden Menschen. Können diese sich unberechenbar verhalten, so erschwert oder durchkreuzt dies Bemühungen, immer wieder gültige Gesetzmäßigkeiten für Phänomene, die von dem unberechenbaren Verhalten beeinflusst werden, zu formulieren. Angenommen, darauf reagieren einige Wissenschaftler der Volkswirtschaftslehre, indem sie in ihren Theorien unvorhersagbare Verhaltensweisen von Menschen als nicht zu ihrer Disziplin gehörig unterschlagen, wenn nicht der Romanliteratur, dann irgendeiner anderen wissenschaftlichen Disziplin zudenken. Sie sind in der Lage, die betreffenden Informationen aus dem digitalen Netz erster Struktur, das sie für ihre Recherchen nutzen, zu entfernen und in ein anderes digitales Netz erster Struktur zu verbannen, das sie nie für ihre eigene Forschung nutzen möchten. So können sie – eines Teils der für ihre Fragestellung relevanten Informationen entledigt – daran glauben, etwas wissenschaftlich exakt zu beschreiben. Aber damit verzichten diese Wissenschaftler ein Stück weit auf den Anspruch, reale Befindlichkeiten möglichst genau zu erfassen.

Dem gegenüber glaubt ein Wissenschaftler, der zusätzlich in der zweiten Struktur forscht, eher nicht an die andere Disziplin, die mehr herausfindet. Denn innerhalb der zweiten Struktur gibt es diese andere Disziplin nicht; genauso wenig ein anderes digitales Netz, das von dem für eigene Recherchen genutzten Netz isoliert wäre und in das er die unbequemen Informationen abschieben könnte. Diese Informationen bleiben in dem einen digitalen Netz der zweiten Struktur. Sucht er darin nach einer für mehrere Körper gültigen Naturgesetzlichkeit oder nach einem das Verhalten einiger Körper erklärenden Gedankenmodell, neigt er nicht so leicht dahin, ein Phänomen des Kosmos entweder mit einer seinem Intellekt genügenden, allgemeinere Gültigkeit beanspruchenden Theorie zu beschreiben, oder wenn keine Theorie auf das Phänomen zu passen scheint, das Phänomen zu vergessen, als ob es nicht da wäre. Ist der Wissenschaftler wieder einmal in dem einen digitalen Netz der zweiten Struktur mit seinen Fragen unterwegs, weist das Netz ihn erneut auf das unbequeme Phänomen hin, falls eine Antwort auf sein Fragen das besondere Phänomen in irgendeiner Hinsicht tangiert. Steht das Phänomen im Widerspruch zu seinen theoretischen Überlegungen, wird er sich jedesmal, wenn das Netz ihn auf das Phänomen hinweist, der begrenzten wissenschaftlichen Aussagequalität seiner theoretischen Überlegungen bewusst. Hält sich der Wissenschaftler gerade nicht in der zweiten Struktur sondern in einer bestimmten Disziplin der ersten Struktur auf, dann gibt es die so sehr andere Disziplin auch nicht mehr für ihn. Denn er hat nur einen Kopf, in dem er von beiden Strukturen weiß.

Damit, dass Informationen über maschinenlesbare Merkmale eines Körpers Inhalt des Netzes zweiter Struktur bleiben, unabhängig davon, ob jemand in dem Körper aktuell mehr zu erkennen glaubt, hält man sich im Übrigen alle Optionen offen, dessen Merkmale in der automatischen Gegenüberstellung zu den anderen, sich im Laufe der Zeit voraussichtlich teilweise wandelnden Inhalten des Netzes irgendwann – vielleicht eine oder mehrere Forschergenerationen später – anders interpretieren zu können.

Zwar könnte es einem Wissenschaftler, dem bestimmte forschungsrelevante Informationen unbequem sind, weil sie sich bis dahin aus seiner Sicht in keine allgemeiner gültige wissenschaftliche Aussage einfügen, gelingen, alle eingebauten technischen Vorkehrungen gegen das regelwidrige Löschen von Informationen überspielend die betreffenden Informationen aus dem Netz der zweiten Struktur zu entfernen. Dazu wäre er umso eher in der Lage, je kürzer sich die betreffenden Informationen bereits in dem Netz befinden. Doch je länger diese schon Teil des Netzes sind beziehungsweise je mehr Verbindungen zwischen ihnen und anderen Informationen in dem Netz hergestellt worden sind, tendenziell umso unwahrscheinlicher ließen sich Informationen jemals durch einen menschlichen Willensakt aus dem Netz entfernen, ohne das ganze Netz zu zerstören. Außerdem könnte das Strafrecht einen Wissenschaftler davon abhalten, ihm unliebsame forschungsrelevante Informationen aus dem Netz zu tilgen.

Erforschung von Körpern einer Komplexität, die sich der geistigen Kapazität von Menschen entzieht

Je komplexer ein bestimmter Körper im Kosmos ist, je mehr, je unterschiedlichere, je wandlungsfähigere Einflüsse und Interdependenzen es zwischen dem Körper 1 und anderen Körpern des Kosmos gibt, tendenziell umso schwieriger oder unerreichbarer ist es für Menschen, den ganzen Gegenstand in seinen Einzelheiten, Zusammenhängen und Regelmäßigkeiten im eigenen Kopf zu erfassen. Mit diesem Mangel sehen sich auch Wissenschaftler konfrontiert, die den Kosmos in bestimmten Hinsichten genauer erkunden möchten. Je weniger ein Wissenschaftler den Körper 1, dem er seine Aufmerksamkeit widmet, im eigenen Kopf versteht, je häufiger er dieses Defizit durch digitale Informationsverarbeitung zu kompensieren versucht, tendenziell umso seltener vergewissert er sich im eigenen Kopf, ob das, was ihm Computer anzeigen, soweit zutrifft, dass er daraus Schlüsse als Basis für weitere Schritte zum Begreifen des Körpers 1 im Sinne seiner Absichten ziehen kann, ohne auf einen Weg des Irrtums zu geraten. Je größere anwendungstechnische Folgen eine falsche Interpretation von maschinell ermittelten Resultaten über den Körper 1 haben kann, tendenziell umso größere Risiken gehen die Entscheider der Anwendungen ein, ihre Intentionen zu verfehlen, unbeabsichtigt in irgendeiner Hinsicht schädliche Nebenfolgen herbeizuführen. Je mehr Menschen darunter leiden können, umso bedeutsamer erscheint es, beim Erforschen von Körpern in offenen Systemen, deren Begreifen als ganze sich dem menschlichen Verstand entzieht, Pfade zu wählen, die es zumindest den beteiligten Wissenschaftlern erlauben, so oft wie möglich im eigenen Kopf zu begreifen oder nachzuvollziehen, wie bestimmte Zwischenergebnisse und das Gesamtresultat der besonderen Forschung zustandekommen.

Ein disziplinärer Wissenschaftler, der den Kosmos in besonderer Hinsicht genauer begreifen möchte, definiert ein Forschungsziel im Rahmen dessen, wofür sein Fachgebiet A in Übereinkunft mit den Wissenschaftlern der anderen Fachgebiete zuständig ist. Dem Fachgebiet A entspricht eine Auswahl von Informationen, Meinungen und einstweilen als gültig anerkannten Erkenntnissen über den Kosmos. Aus dieser Teilmenge aller verfügbaren Informationen über den Kosmos wählt der disziplinäre Wissenschaftler auf Basis seiner persönlichen theoretischen Kenntnisse, Erfahrungen und Vorlieben nach Gutdünken oder den mehr oder weniger willkürlichen Vorgaben anderer Personen folgend einige Informationen aus, die er in seinem Projekt berücksichtigen möchte. Tragen mehrere Wissenschaftler des Fachgebietes A zu der besonderen Forschung bei oder kommen Wissenschaftler verschiedener Disziplinen zu einem interdisziplinären Projekt zusammen, ist die Teilmenge aus allen allgemein aktuell verfügbaren Informationen, aus der die Wissenschaftler addiert Informationen für das Projekt beziehen, entsprechend größer.

Angenommen, Wissenschaftler bemühen sich disziplinär oder interdisziplinär darum, Regelmäßigkeiten an einem Körper 1 zu entdecken, der Teil eines komplexen offenen Systems im Kosmos ist. Weil der Gegenstand von zu vielen teilweise unbekannten Quellen beeinflusst werden kann, bleiben die erhofften zusätzlichen Erkenntnisse über den Gegenstand, so wie er ist, aus. Wollen die Wissenschaftler sich damit nicht abfinden, entfernen sie so viele Informationen, die den Körper 1 betreffen, aus ihren Überlegungen, bis sie eine Regelmäßigkeit daran erkennen. Je mehr Merkmale des Körpers 1 die Wissenschaftler in ihrer Theorie weglassen, tendenziell umso weniger genau beschreibt die Theorie die Gegebenheiten des Körpers 1. Tendenziell umso weniger nützlich kann die Theorie für Anwendungen mit dem Körper 1 sein. Umso weniger verringert derjenige, der auf der Grundlage der Theorie eine Entscheidung über bestimmtes Verhalten trifft, das Risiko einer Enttäuschung im Sinne seiner Absichten beziehungsweise umso größer ist das Risiko, dass das Ergebnis bestimmten Anliegen des Entscheiders abträglich ist. Erscheint dies den disziplinären Wissenschaftlern unbefriedigend, können sie auf Basis anderer Auswahlen von Informationen über den Körper 1 weitere Theorien formulieren, um den Körper 1 umfassender zu begreifen. Sie können versuchen, verschiedene Theorien zu einer einzigen Obertheorie zusammenzuführen, sich dazu eventuell eines Computers bedienen. Allerdings je mehr verschiedene, von den disziplinären Wissenschaftlern im eigenen Kopf denkbare Theorien in die Obertheorie einfließen, tendenziell umso eher entzieht sich die Obertheorie dem persönlichen Verstand der Wissenschaftler. Je mehr unbekannten Einflüssen der Gegenstand in dem offenen System ausgesetzt sein kann, tendenziell umso unwahrscheinlicher vereinen die Wissenschaftler ausreichend viele und hinreichend zutreffende, in ihren Köpfen denkbare Theorien zu einer Obertheorie, als dass der Körper 1 anwendungstechnisch im Sinne bestimmter Absichten beherrschbarer würde.

Wissenschaftler in der zweiten Struktur, die mehr über einen bestimmten Gegenstand in einem offenen System des Kosmos herausfinden möchten, würden anders vorgehen. Erkunden sie einen Körper 1, der in einem offenen System unüberschaubar vielen Einflüssen unterliegt, versuchen sie nicht an der willkürlichen Aufteilung der wissenschaftlichen Disziplinen orientiert durch selektive Berücksichtigung von Informationen aus bloß einem oder interdisziplinär mehreren Fachgebieten besondere Merkmale des Körpers 1 zu erkennen und eine Theorie daraus zu formulieren. Sie würden keine aktuell allgemein digital verfügbaren Informationen über den Kosmos bei ihren Recherchen im Netz zweiter Struktur ausschließen. Auf das Bejahen der Frage, ob der Körper 1 und der Körper 2 darin übereinstimmen, dass sie einander beeinflussen, könnten die etwas eingehenderen Fragen folgen: Wie kann der Körper 1 den definierten Körper 2 beeinflussen? Könnte der Körper 1 den Körper 2 im Sinne bestimmter Absichten stärken oder schwächen? Ließe sich ein bestimmter Einfluss des Körpers 1 auf den Körper 2 durch Menschen fördern, schwächen oder unterbinden? Wie wäre dies zu bewerkstelligen? Die gleichen Fragen könnten umgekehrt für Einflüsse des Körpers 2 auf den Körper 1 erörtert werden. Einen solchen einzelnen identifizierten Einfluss zwischen den beiden Körpern kann ein Wissenschaftler bis zu einem gewissen Grad im eigenen Kopf begreifen. Sich nacheinander mit mehr Einflüssen zwischen den beiden Körpern geistig auseinanderzusetzen ist ihm ebenfalls möglich. Auch könnte er – soweit er zwei Einflüsse zwischen den beiden Körpern im eigenen Kopf begriffen hat – abwägen, welcher von beiden Einflüssen im Sinne bestimmter Intentionen maßgeblicher ist.

Genauso wie Einflüsse zwischen dem Körper 1 und dem Körper 2 ließen sich auch Einflüsse zwischen dem Körper 1 und weiteren Körpern wissenschaftlich untersuchen. So würde der Körper 1 anwendungstechnisch für Menschen tendenziell immer beherrschbarer, soweit ein Potenzial für Anwendungen vorhanden ist. Die Wissenschaftler würden ihre maschinenlesbaren Forschungsergebnisse über die einander gegenübergestellten Körper im Informationsnetz der zweiten Struktur allgemein verfügbar machen. Die Ergebnisse ließen sich anwendungstechnisch nutzen, soweit sich im Zusammenhang mit dem Körper 1 Perspektiven für menschenrelevante Anwendungen ergeben. Für beliebige Kombinationen anderer Körper würde die Untersuchung im Prinzip genauso verlaufen. Je mehr den Körper 1 betreffende Einflüsse ein Wissenschaftler allerdings identifiziert, tendenziell umso weniger verstünde er das gemeinsame Resultat dieser Einflüsse im eigenen Kopf. Tendenziell umso eher würde er sich auf die Gültigkeit digital erarbeiteter Beschreibungen dessen verlassen, was die verschiedenen Einflüsse zusammen zustande gebracht haben oder bewirken könnten. Je weniger Informationen zu den Körper 1 betreffenden maßgeblichen Einflüssen der Wissenschaftler in das digitale Netz eingibt, tendenziell umso mehr weicht das digital zu ermittelnde Ergebnis vom tatsächlichen Geschehen ab. Darin liegt ein Risiko falscher Prognose auch beim Forschen in der zweiten Struktur. Aber ungeachtet des Grades der Komplexität, die durch die Einflüsse der bestimmten Körper aufeinander gegeben ist und die sich der geistigen Kapazität des einzelnen Menschen entzieht, ist ein Wissenschaftler in der zweiten Forschungsstruktur mit der Untersuchung einzelner, im Kopf verstehbarer Einflüsse von bestimmten Körpern aufeinander, deren Nutzbarkeit oder Schadenspotenzial für bestimmte menschliche Anliegen und der Optionen für Menschen, in ihrem Sinne da anwendungstechnisch einzugreifen, immer auf dem richtigen Weg.

Je mehr einen Körper 1 betreffende Einflüsse Wissenschaftler begreifen, tendenziell umso treffsicherer werden Prognosen über die weitere Entwicklung des Körpers 1. Tendenziell umso beherrschbarer wird der Körper 1 im Sinne bestimmter menschlicher Anliegen, falls und soweit der Körper 1 über ein Potenzial für diesbezüglich relevante Anwendungen verfügt. Ein Wissenschaftler wäre im Hinblick auf den Körper 1 in der Lage, einen einzelnen Einfluss oder zwei Einflüsse im Bezug zueinander zu identifizieren und weiterführende Überlegungen im eigenen Kopf daran anzuschließen. Dies könnte er nacheinander mit anderen und immer mehr, den Körper 1 betreffenden Einflüssen wiederholen. So könnte er auch unter relativ sehr komplexen Verhältnissen eines offenen Systems schrittweise seine Gewissheit erhöhen, mit seiner Forschung nicht ins Reich der Fantasie abzugleiten. Weiß der Wissenschaftler von mehreren oder einer Vielzahl den Körper 1 betreffenden Einflüssen, dann würde er womöglich im Interesse einer möglichst effizienten Kontrolle einen im Vergleich relativ großen Einfluss eher identifizieren und aufmerksamer als einen für weniger maßgeblich gehaltenen Einfluss hinterfragen.

Soweit aus wissenschaftlichen Disziplinen einstweilen als gültig betrachtete Erkenntnisse über Einflüsse zwischen Körpern vorliegen oder hinzukommen, würden diese Informationen in die zweite Forschungsstruktur übernommen werden. Die bekannten Einflüsse systematisch im digitalen Netz der zweiten Struktur registriert, ließen sich auf kürzeren Recherchewegen beim aktuell digital verfügbaren Kenntnisstand die Lücken in den Erkenntnissen über Einflüsse von bestimmten Körpern aufeinander ermitteln. Die Lücken würde man in der zweiten Struktur soweit zu schließen versuchen, wie die Aufklärung bestimmter Einflüsse von definierten Körpern aufeinander erreichbar und erstrebenswert erscheint.

Gelangt ein Wissenschaftler zu keinen Fortschritten
im Begreifen eines bestimmten Gegenstandes,
bezöge er eher die Möglichkeit
einer absoluten Grenze der Erkenntnis mit ein

Ein Wissenschaftler, der in der zweiten Forschungsstruktur unterwegs ist und unter irgendwelchen Aspekten unsere Welt genauer zu beschreiben versucht, erkennt an, dass das dem Kosmos Zugrundeliegende für uns Menschen ein niemals klärbares Geheimnis ist. Bloß wo genau die Grenze zwischen dem Erforschbaren und dem wissenschaftlich Undurchdringlichen liegt, bleibt offen. Die Grenze kann sich mit dem Fortschreiten wissenschaftlicher Meinungsbildung und Erkenntnis verschieben.

Die Anerkenntnis des Geheimnisses hinter dem Kosmos kann in einer besonderen Situation einen Vorteil für die Forschung mit sich bringen: Wenn ein Wissenschaftler schon lange vergeblich einer bestimmten, Grundlagen des Kosmos betreffenden Frage nachgeht, dann setzt er seine Bemühungen eher nicht bis ans Ende seiner Tage fort, sondern schreibt irgendwann den Grund für seinen Stillstand dem Geheimnis zu und macht sich damit für eine andere, vermeintlich erkenntnisträchtigere Forschung frei.

33

Zugang zu mehr Sachkompetenz bei Entscheidungen über die Förderung wissenschaftlicher Projekte

Soweit Wissenschaftler, die genügend fachliche Kompetenz mitbringen, über ein bewährtes und allseits anerkanntes Verfahren verfügen, um sich unter mehreren zur Wahl stehenden Forschungsprojekten für dasjenige mit den nach besonderen Kriterien besten Aussichten zu entscheiden, besteht kein Grund, an dem Verfahren etwas zu ändern. Doch je aufwendiger ein wissenschaftliches Projekt ist und je mehr öffentliche Mittel seine Ausführung erfordert, umso eher müssen auch Personen ohne adäquate Sachkompetenz über die Zuteilung von Mitteln für das Vorhaben entscheiden.

Je weiter wissenschaftliche Disziplinen auseinanderzweigen, je mehr dementsprechend die Spezialisierungen zunehmen, tendenziell umso wahrscheinlicher sind die Prüfer von Anträgen auf Fördermittel für bestimmte Projekte in der ersten Forschungsstruktur auf dem betreffenden Gebiet nachweisbar und allgemein anzuerkennend sachspezifisch weniger qualifiziert als die Antragsteller. Nicht verkehrt ist es, wenn diese mangelhaft sachkundigen Entscheider über die Mittelvergabe am Rande einen Blick darauf werfen, ob die antragstellenden Wissenschaftler bereits herausragend viel in Medien bestimmter Reputationsstufen publiziert haben, besonders oft zitiert worden sind, international viele Kontakte pflegen, bereits mit begehrten Auszeichnungen gewürdigt wurden, schon früher über Mittel zur Forschung verfügten, die einer Rechnungsprüfung unterlagen, ohne dass es Beanstandungen gab, und in anderen, relativ unstrittig objektiven Bewertungen tadellos aussehen. Doch je mehr solche Kriterien allein den Ausschlag für die Förderung geben, tendenziell umso größer ist der Anreiz für Wissenschaftler, sich auf gute Noten in Wettbewerben zu konzentrieren, in denen es im Kern nicht mehr unbedingt um Fortschritt in Erkenntnissen geht, was gegebenenfalls die Relation des Forschungsertrages zu den eingesetzten Mitteln eher verschlechtert als erhöht. Dies ist auch nicht anders, wenn oberflächliche Wahrnehmungen, wie zum Beispiel der beeindruckende Auftritt eines Antragstellers als »Verkaufstalent«, den Ausschlag für eine Förderung geben.

Geht man davon aus, dass die allgemein digital verfügbaren wissenschaftlichen Informationen und Kenntnisse weiter zunehmen, dass die Kapazitäten der einzelnen Menschen, im eigenen Kopf diese vielen Informationen zu erfassen und zu interpretieren naturbedingt nicht mitwachsen und man weiterhin mit Aufspaltung von Wissenschaftszweigen und Spezialisierung darauf reagieren wird, dann werden auch künftig einige Antragsteller ihren Prüfern vorhalten können, nicht ausreichend in disziplinären Studiengängen qualifiziert zu sein, um sich eine sachlich kompetente Bewertung des besonderen Antrages erlauben zu können. Unterdessen würde aber die zweite Forschungsstruktur und das aus ihr hervorgehende digitale Netz ein Verfahren zur Prüfung von Anträgen ermöglichen, das von sachbezogen mangelhaft vorgebildeten Prüfern angewandt zu Bewertungen und Entscheidungen über die Mittelvergabe führen könnte, die auch unter sachlichen Gesichtspunkten tendenziell häufiger konkludent wären.

Ein sachunkundiger Prüfer eines Antrages auf Fördermittel würde im digitalen Netz zweiter Struktur tendenziell systematischer als in Netzen der ersten Struktur sachbezogene Einblicke erlangen können, was für und gegen die Förderung eines bestimmten Forschungsprojektes spricht. Er wäre dazu imstande, die Beschreibung des Projektes als »Körper 1« in das Netz der zweiten Struktur zu stellen und nach übereinstimmenden Merkmalen mit anderen »Körpern« zu fragen. Gibt es bereits Forschungen zu dem besonderen Gegenstand, dann würden diese dem Prüfer, alle wissenschaftlichen Disziplinen und gegebenenfalls zusätzliche relevante Informationen einbeziehend, im Rahmen des aktuell allgemein digital verfügbaren Kenntnisstandes und soweit hinsichtlich der Sprache vereinheitlicht angezeigt. Nun könnte er aufgrund übereinstimmender und nicht übereinstimmender Merkmale des Antrags mit den im Netz angezeigten vorhandenen Beiträgen nach und nach so intensiv wie gewünscht ermitteln, wie weit diese Forschungen bereits gediehen sind, ob das Vorhaben des neuen Antrages auf Förderung bisher Unbeantwortetes klären soll oder bloß eine Wiederholung von bereits Erforschtem darstellen würde. Auf Seitenpfaden könnte er herausfinden, ob und gegebenenfalls welche Hoffnungen auf Nutzanwendungen mit diesen Forschungen verbunden werden, welche Zweifel daran geäußert wurden; ob entsprechende frühere Forschungen mangels Ertrages eingestellt wurden. Der Prüfer könnte den betreffenden Forschungen Merkmale seiner eigenen Person gegenüberstellen und nach übereinstimmenden Merkmalen fragen, um sich ein klareres Urteil darüber zu bilden, ob das Vorhaben beim Erfolg im Sinne der Intentionen seiner Person eher nutzen oder schaden könnte. Er wäre in der Lage, Merkmale eines Problems oder Anliegens dem Forschungsvorhaben gegenüberzustellen und nach übereinstimmenden Merkmalen zu fragen. Liegt in dem Vorhaben das Potenzial, mit einer gewissen Erfolgsaussicht zur Lösung des Problems oder zur Erfüllung des Anliegens beitragen zu können, dann würde ihm dies auf dem aktuell digital verfügbaren Kenntnisstand angezeigt. Trifft ein Gremium von mehreren Prüfern die Entscheidung zur Vergabe von Fördermitteln, dann könnten sie sich untereinander über ihre jeweiligen Recherchen austauschen. So würden sachspezifisch mangelhaft qualifizierte Prüfer die Sinnhaftigkeit eines Projektes umfänglicher im Netz der zweiten Forschungsstruktur erörtern und sich an eine mit möglichst großer Wahrscheinlichkeit wissenschaftlichen Kriterien genügende Entscheidung herantasten können. Die Kompetenz zu einer solchen Recherche im Netz zweiter Struktur zwecks Vorbereitung einer sachlich begründeten Entscheidung über die Mittelvergabe könnte ein Antragsteller, der über eine spezifische fachliche Kompetenz für sein Projekt verfügt, seinen diesbezüglich weniger qualifizierten Prüfern nicht absprechen. So käme bei der Auswahl eines zu fördernden Projektes mit höherer Wahrscheinlichkeit ein günstigeres als ein ungünstigeres Verhältnis von Mitteleinsatz zu Forschungsertrag zustande.

Gefürchtet, aber überwindlich:
Die Klippe vor der zweiten Forschungsstruktur

In die zweite Forschungsstruktur fließen alle maschinenlesbaren öffentlich zugänglich gewordenen Informationen, Meinungen und einstweilen für gültig gehaltenen Erkenntnisse derjenigen Disziplinen ein, die in irgendwelchen Hinsichten den Kosmos genauer zu begreifen suchen. Daran anschließend führt die Frage, welchen Wissenschaftlern welcher Disziplin(en) gegebenenfalls in welchen vorhandenen Instituten es näher als anderen liegt, sich mit dem Aufbau der zweiten Forschungsstruktur zu befassen, nicht weiter. Denn es geht um kein disziplinäres oder interdisziplinäres Projekt. Die zweite Struktur betrifft immer alle wissenschaftlichen Disziplinen, die mit der genaueren Erkundung unserer Welt befasst sind. Darin liegt die widerständigste Hürde, von der ersten, der disziplinär-interdisziplinären Forschungsstruktur aus mit dem Aufbau der zweiten Struktur zu beginnen.

Dass es jenseits seines Fachgebietes andere Disziplinen gibt, die man studieren und in denen man sich qualifizieren kann, weiß ein disziplinärer Wissenschaftler. Er selbst könnte vielleicht noch in einem oder mehreren anderen Fächern einen Studienabschluss erlangen. Aber seine naturbedingt begrenzte geistige Kapazität lässt es nicht zu, in allen Disziplinen, die mit dem Begreifen des Kosmos befasst sind, die erforderlichen Qualifikationen zu erwerben, um überall fachintern anerkannt zu sein. Doch in allen diesen Wissenschaftszweigen müsste er sich nach dem disziplinären Reglement als qualifiziert ausweisen, um für einen Beitrag zum Aufbau der zweiten Struktur legitimiert zu sein. Ein disziplinärer Wissenschaftler, der sich über diese Regel hinwegsetzt, riskiert seine Reputation. Deshalb mag er sich nicht vorstellen, dass es noch eine andere, alle öffentlich zugänglichen Kenntnisse aller betroffenen Disziplinen einbeziehende Herangehensweise an das wissenschaftliche Begreifen unserer Welt geben könnte. Aber damit verweigert er sich der Realität, dass seit der Einführung digitaler Informationsnetze mit deren Ausbreitung die sachliche Begründung für die Barrieren zwischen den Disziplinen und für die daraus abgeleitete Aufteilung der Zuständigkeiten von Wissenschaftlern für bestimmte Fachbereiche immer dünner geworden ist. Mehr und mehr schwelt in seinem Kopf ein Konflikt. Eine innere Stimme, deren Lautstärke er laufend erhöhen muss, damit sie die Gegenstimme übertönt, sagt ihm, solange wie möglich um seines unwissenschaftlichen persönlichen Sich-schadlos-Haltens willen in seinem Fachbereich keinen Regelverstoß riskieren zu sollen, auch wenn unterdessen die Wissenschaft das Nachsehen hat. Erleichtert wird dieses Verhalten jedem Wissenschaftler zusätzlich, wenn er in seiner Fachliteratur kaum Hinweise findet, die ihm ohne weitere Bearbeitung zeigen würden, was sein Fachbereich zu den Antworten auf die Eingangsfragen nach den übereinstimmenden Merkmalen aller Körper sowie nach den übereinstimmenden Merkmalen aller substanziellen Körper beizutragen hat.

Mit der Befindlichkeit keines disziplinären Wissenschaftlers ist es vereinbar, aus dem Stand, ein leeres Blatt Papier vor sich, mit dem Aufbau der zweiten Struktur zu beginnen, das zur besseren Ausschöpfung der wissenschaftlichen Potenziale Gebotene zu tun. Aber deswegen kapitulieren? Sich mit Schwächen im disziplinär-interdisziplinären Erforschen unserer Welt, die nichts mit absoluten Grenzen menschlichen Begreifens zu tun haben, abfinden? Das wäre für Forscher, die zu nichts besser geboren sind, noch unangenehmer. Dann doch lieber das undenkbar Erscheinende so in aufeinanderfolgende Schritte aufteilen, dass etwas Denkbares daraus wird. Was also versetzt einen disziplinären Wissenschaftler in die Lage, seine Gründe, die ihn vom Aufbau der zweiten Forschungsstruktur fernhalten, in sein Erkennen einer darin liegenden persönlichen Chance zu verwandeln?

Als erstes braucht er eine Streckenbeschreibung dahin. Wie ein Reisender anhand einer Landkarte muss er eine Strecke weit im Kopf vorausdenken können, dass da eine lohnende Perspektive, ein gangbarer Weg ist, den er mit hinreichender Aussicht auf Erfolg beschreiten kann. Selbst diesen Wegweiser zu erarbeiten, ist unendlich schwer für ihn. Den muss er bei sich haben, bevor er selbst irgendetwas zur zweiten Struktur beiträgt. Vorausgehend muss alles, was zu dem Wegweiser dazugehört, im Kopf eines disziplinär Ungravierten gedacht und formuliert worden sein. Diese Komposition muss im Wesentlichen stimmen – das heißt, die Funktion einer besteigbaren Treppe für disziplinäre Wissenschaftler zum Eintritt in die zweite Struktur voll und ganz erfüllen. Genauso wie sich die erste Forschungsstruktur im Kern ihres Wesens durch eine für sie charakteristische Konstanz auszeichnet, bekommt die zweite Struktur auf die ihr eigene Weise Merkmale, an denen sie immer wieder zu identifizieren ist. Doch würde es sich um keine Forschung handeln, wenn die Anleitung zur Einfädelung der zweiten Struktur jenseits ihrer beständigen Kernmerkmale hinsichtlich ihrer Inhalte mehr als eine Baustelle wäre. Darum ist die Anleitung nichts Endgültiges, sondern ein Arbeitspapier zur Weiterentwicklung.

Als Streckenbeschreibung für den Aufstieg zur zweiten Forschungsstruktur kann das in dem Buch *Das Einzigartige weg vom Einen* (2006) entfaltete Konzept dienen. Dieses bietet disziplinären Wissenschaftlern den Ausweg aus dem vergeblichen Unterfangen, ein leeres Blatt Papier vor sich, auf dem Boden ihres jeweiligen Spezialgebietes die zweite Forschungsstruktur zu erbauen, und öffnet ihnen nach einer Phase des Vertrautwerdens die Perspektive, sich mit ihrem besonderen fachlichen Geprägtsein aus der ersten Struktur in die inhaltliche Perfektionierung der zweiten Struktur zur Praxistauglichkeit für Millionen Anwender hin einzubringen.

Suche nach einem Namen:
Indivabuno – Provisorium …

Die zweite Forschungsstruktur, die ihr entsprechende Aufbereitung von Informationen, Meinungen und einstweilen als gesichert geltenden Erkenntnissen über unsere Welt in digitalen Informationsnetzen sowie alle sich daraus ergebenden Anwendungen werden in *Das Einzigartige weg vom Einen* unter dem Begriff *Indivabuno* (kontrahiert aus den lateinischen Worten »individuum ab uno«) zusammengefasst. Ob sich dieser oder ein anderer Terminus als allgemeingebräuchlich durchsetzen wird, ist noch offen. Als Aufforderung an Leser, bei der Suche nach der bezeichnendsten Ausdrucksweise mitzuwirken, dem Begriff *Indivabuno* zur Prüfung seiner Tauglichkeit andere mögliche Wortwahlen gegenüberzustellen, verwendet der Autor seitdem und im weiteren Text dieses Buches den weniger festgelegten Begriff *Provisorium.*

Wesentliche im Schulunterricht zu vermittelnde
Informationen über die Beschaffenheit unserer Welt
würden leichter identifizierbar

Die wissenschaftlichen Disziplinen, die den Kosmos in bestimmten Bereichen und Aspekten genauer zu begreifen versuchen, entwickeln sich weiter, bringen immer mehr Daten und Beiträge hervor. Den in den einzelnen Disziplinen tätigen Wissenschaftlern fällt es zuweilen oder immer wieder schwer, genügend Überblick zu gewinnen und zu behalten, welche Beiträge für sie jeweils besonders wichtig, welche weniger wertvoll und welche belanglos sind. Für den Außenstehenden ist es fast unmöglich geworden, unter dem neu Hinzukommenden alles nach bestimmten Kriterien wissenschaftlich Bedeutsame zu erkennen. Auch wenn unter Inhalten, die seit Jahren bekannt und geprüft worden sind, einige für den Unterricht zwischen Grundschule und Gymnasium ausgewählt werden sollen, ist diese Entscheidung teilweise mit Unsicherheit behaftet, ob beim aktuell allgemein verfügbaren wissenschaftlichen Kenntnisstand vielleicht nicht mehr Gültiges in den Unterricht mit aufgenommen, inzwischen essenziell Gewordenes weggelassen wird. Je dynamischer die Forschung voranschreitet, umso weiter ist man davon entfernt, die Unsicherheit in der Auswahl der Inhalte ausräumen zu können. Dennoch stellt sich die Frage, ob man auf Basis des aktuell allgemein verfügbaren Standes der Kenntnisse das Wesentliche davon verlässlicher identifizieren könnte.

Bemisst man das Wesentliche danach, wie viele Körper in ihren Befindlichkeiten und Entwicklungen von bestimmten Lehrinhalten tangiert sind, dann lassen sich unter Einbezug des digitalen Netzes zweiter Struktur in den Schulunterricht die wichtigsten Lehrinhalte, die sich auf das Begreifen unserer Welt beziehen, soweit digital lesbar, etwas treffsicherer ausfindig machen. Die übereinstimmenden Merkmale aller Körper des Kosmos gehören immer dazu, ebenfalls die übereinstimmenden Merkmale aller substanziellen Körper. Hinsichtlich der Vermittlung von Kenntnissen über Merkmale von kleineren Teilmengen aus allen Körpern würden die Gestalter des Schulunterrichts eine Wahlfreiheit haben. Man könnte zum Beispiel die Vermittlung von übereinstimmenden Merkmalen einer Teilmenge 1 aus allen Körpern der Vermittlung übereinstimmender Merkmale einer Teilmenge 2 mit der Begründung vorziehen, dass

Menschen statistisch häufiger übereinstimmenden Merkmalen der Teilmenge 1 begegnen.

Dieses Auswahlprinzip ließe sich fortsetzen für einen Lernstoff, der sich an Menschen unter Berücksichtigung zusätzlicher individuellerer Merkmale wendet. Begegnen Menschen mit diesen Merkmalen einer Teilmenge A aller Körper tendenziell häufiger als einer Teilmenge B aus allen Körpern, dann wäre der Erwerb von Kenntnissen über Merkmale der Teilmenge A tendenziell wichtiger für sie. Entsprechendes würde für jeden einzelnen Menschen hinsichtlich seines eingehenderen wissenschaftsbasierten Begreifens bestimmter Aspekte unserer Welt über den Schulunterricht hinaus gelten.

Aus der Perspektive eines Schülers bedeutet dies: Die im Schulunterricht vermittelten Merkmale aller Körper und Merkmale aller substanziellen Körper würde der Mensch im Laufe seines Lebens immer wieder bestätigt finden, wenn man einmal von Inhalten, die sich als Irrtum erweisen und zu korrigieren sind, absieht. Die eingeübte Methode, übereinstimmende Merkmale von kleineren Teilmengen aller Körper in einem digitalen Informationsnetz zu ermitteln, um im Sinne bestimmter Absichten möglichst zielführend, unbeabsichtigte Nebenfolgen vermeidend, voranzuschreiten, könnte der Mensch sein ganzes Leben lang für seine Zwecke nutzen.

Die Informationen zu übereinstimmenden maschinenlesbaren Merkmalen aller Körper, aller substanziellen Körper sowie anderer Teilmengen aus allen Körpern würden ständig im digitalen Netz der zweiten Struktur aktualisiert werden und könnten so den Lernwilligen in vorgegebenen wie auch individuell zu wählenden Lernpfaden nahezu auf dem neuesten Stand der Kenntnisse verfügbar sein.

Erscheint dieses Vorgehen zur Auswahl des wesentlichen zu vermittelnden Wissens über Zusammenhänge, Regelmäßigkeiten und Details des Kosmos in der einen oder anderen Hinsicht als unzulänglich, wäre es im Rahmen des aktuell allgemein digital verfügbaren Kenntnisstandes mit dem Netz der zweiten Struktur sowie Exkursen zu Netzen der ersten Struktur, eventuell auch auf Computer-unabhängigen Lernpfaden möglich, Fehlendes zu ergänzen.

Bessere Voraussetzungen für das Kennenlernen von Inhalten aus einem riesigen Datenknäuel

Hat ein Mensch, der seine theoretischen Kenntnisse über den Kosmos erweitern möchte, ein riesiges Knäuel von Daten in einem digitalen Netz vor sich, dann ist schnell klar für ihn, dass er diese riesige Menge an Informationen, Meinungen und einstweilen als gesichert geltenden Erkenntnissen niemals im eigenen Kopf beherrschen kann. Angenommen, er ist mit dem Knäuel in einem digitalen Netz der ersten Struktur konfrontiert. Vom *Provisorium* beziehungsweise dem digitalen Netz zweiter Struktur weiß er nichts. Nimmt er sich vor, einen Ausschnitt aus dem Knäuel kennenzulernen, dann stellt er fest, dass er diesen Lernstoff willkürlich von Zusammenhängen mit anderen Informationen des Knäuels trennt, was den Wert des Lerninhaltes reduziert erscheinen lässt. So kann er niemals sagen: Jetzt begreife ich den Kosmos in einer besonderen Hinsicht auf dem aktuell allgemein digital verfügbaren Kenntnisstand annähernd vollständig. Dieses Unvermögen kann den Menschen entmutigen und dazu verleiten, gar nicht erst zu versuchen, etwas aus dem Knäuel zu verinnerlichen und sich stattdessen damit zu begnügen, bloß noch, vor eine konkrete Situation in seinem Dasein gestellt, sachdienliche Informationen von dem Knäuel einzuholen. Doch je weniger relativ beständige Kenntnisse über unsere Welt er infolgedessen in seinem Kopf speichert, tendenziell umso weniger ihm einstweilen verlässlich erscheinende Maßstäbe zum Vergleich hat er und tendenziell umso schwerer fällt es ihm – von seiner Natur zur selektiven Wahrnehmung gezwungen – zu beurteilen, welche Daten von außen er an sich heranlassen und welche er ignorieren will. Wählt er in seiner Unsicherheit eine Stelle im Datenknäuel, von der ausgehend er mehr über unsere Welt lernen möchte, dann erheben sich leicht Zweifel in ihm, ob es denn keine andere Stelle in dem Knäuel gibt, die genauer kennenzulernen wertvoller für ihn wäre. Springt er immerfort von der einen zu einer anderen und wieder einer anderen Stelle, bleibt der Lerneffekt gering. Über einen längeren Zeitraum praktiziert, kann dies seinen Erfolg in Vorhaben, die er nur mit Geduld in einigen aufeinanderfolgenden Schritten verwirklichen könnte, zunichte machen und das Reifen seiner Persönlichkeit unterlaufen.

Bedient sich ein Mensch hingegen zusätzlich des *Provisoriums*, dann verinnerlicht er die übereinstimmenden Merkmale aller Körper des Kosmos, die übereinstimmenden Merkmale aller substanziellen Körper und die übereinstimmenden Merkmale anders definierter Teilmengen aus allen Körpern des Kosmos. Damit hat er im Rahmen des aktuell allgemein digital verfügbaren Kenntnisstandes einen Bestand an Grundorientierung in seinem Kopf – zwar nicht viel, aber immerhin schon etwas von dem **ganzen** Knäuel begriffen. So kommen eher weniger Zweifel in ihm auf, durch seine Festlegung, eine bestimmte Stelle in dem Knäuel genauer kennenlernen zu wollen, vielleicht das genauere Erfassen einer anderen, für ihn bedeutsameren Stelle zu verpassen. Im digitalen Netz der zweiten Struktur begegnet er dem Datenknäuel gegenüber tendenziell mit größerer Gelassenheit. Er sucht sich eine Stelle im Knäuel und recherchiert, was er und diese Stelle für übereinstimmende Merkmale aufweisen. Erscheint ihm das Ergebnis als zu mager, dann kann dies ihn dazu veranlassen, nach einer Stelle für seinen Lerneinstieg in dem digitalen Netz zu suchen, die mehr übereinstimmende Merkmale mit ihm aufweist. So ist es einem Menschen eher möglich, in dem Datenknäuel kontinuierlich aufbauend Kenntnisse zu erwerben, diese im eigenen Kopf zu beurteilen und eventuell auch kreativ damit umzugehen.

Im Schulunterricht
teilweise individueller komponierte Lerninhalte und
dennoch allgemein anzuerkennende Ausbildungsabschlüsse

Unterricht an allgemeinbildenden Schulen über Details, Zusammenhänge und Regelmäßigkeiten unserer Welt ist ein Lernangebot für viele Heranwachsende unterschiedlicher Entwicklungsalter, Vorkenntnisse und Erfahrungen, Begabungen und Interessen. Findet der Unterricht lediglich auf Basis disziplinär beziehungsweise interdisziplinär aufbereiteter Inhalte statt und soll der einzelne Lernende in allen Fächern, die Kenntnisse über den Kosmos vermitteln, genug mitbekommen, dann ist der Unterricht entsprechend eingeschränkt darin, den Lernenden in seiner individuellen Befindlichkeit und seiner ganz eigenen Neugier anzusprechen.

Auf die individuelle Zugänglichkeit einzugehen, würde mit dem *Provisorium* besser möglich sein. Dann würde ein Schüler zwar auch bestimmte Kenntnisse zur Orientierung im Kosmos – insbesondere hinsichtlich übereinstimmender Merkmale aller Körper sowie übereinstimmender Merkmale aller substanziellen Körper – in unterschiedlichen Anspruchsgraden erwerben müssen, um ein bestimmtes Examen erfolgreich zu bestehen. Doch jenseits dieses obligaten Unterrichtsanteils könnte man einem Schüler häufiger erlauben, das zu lernen, was ihm gerade am leichtesten zufällt. Denn bei Anwendung des digitalen Netzes zweiter Struktur fände der Unterricht zur Beschreibung des Kosmos in einem einzigen Fach statt. Dies würde dem einzelnen Lernwilligen die Option eines individuelleren Lernansatzes eröffnen, seine Kenntnisse über unsere Welt zu erweitern, ohne von anderen Kenntnissen über den Kosmos teilweise oder systematisch abgeschnitten zu sein. Die Möglichkeit, dass sich sein frei gewählter Erwerb von Kenntnissen über den Kosmos auf einen – gemessen an den pädagogischen Zielen – als allzu eng zu bewertenden Aspekt oder Bereich beschränkt, wäre damit reduziert. Ein Schüler würde nach übereinstimmenden Merkmalen seiner besonderen Befindlichkeit und eines anderen Körpers, über den er mehr wissen möchte, suchen. Diese Lernweise ließe sich Millionen Schülern vermitteln und trotz der individuelleren Kombinationen der zu lernenden Inhalte jedem von ihnen für den Grad seines Lernerfolges eine Note erteilen, die allgemein anzuerkennen wäre. Ab einer bestimmten erreichten Mindestnote könnte man den Absolventen bescheinigen, nach genormten Kriterien eine Prüfung bestanden zu haben. Das individualisiertere Lernen hätte den Vorteil, dass der Lernstoff den Lernenden eher berührt und er das Gelernte deswegen zu einem eher größeren Anteil über das Bestehen eines Examens hinaus im Gedächtnis behalten würde.

Befürwortet man einen weniger »verschulten« Unterricht, der dem einzelnen Absolventen häufiger selbstständigeres und damit auch kreativeres Denken abverlangt, dann würde diesem Bedürfnis der Unterricht zusammen mit dem *Provisorium* jenseits der obligat von allen Absolventen gleich zu erlernenden Unterrichtsinhalte tendenziell entgegenkommen. Damit könnte es auch für einige Heranwachsende leichter werden, nach dem Schulabschluss die für sie jeweils geeignete Spezialisierung auf eine Berufsausbildung oder ein Hochschulstudium zu finden.

Den Interessen von Absolventen einer Berufsausbildung wie auch Studenten an Hochschulen, die bereits für sie passende Studienfächer gewählt haben, entsprechen von vornherein die vor ihnen liegenden Lerninhalte besser. Das schon vom Schulunterricht mit dem *Provisorium* vertraute individualisiertere Lernen könnten die sich spezialisierter Ausbildenden fortsetzen.

Das Netz zweiter Struktur als Lernmittel

Wer beim Studieren von Einzelheiten und Zusammenhängen des Kosmos Zugang zum digitalen Netz zweiter Struktur hätte, würde tendenziell leichter auf einen besonderen Lernstoff aufmerksam, den er in irgendwelcher Hinsicht auf seine Person und seine Anliegen beziehen kann, als wenn er bei seinen Recherchen auf digitale Netze der ersten Struktur beschränkt wäre. Dies spricht dafür, dass Lernwillige – unabhängig von der Unterschiedlichkeit ihrer Lernfähigkeiten und dem, was sie besonders interessiert – zum Studieren von Einzelheiten und Zusammenhängen des Kosmos das Netz zweiter Struktur häufiger und intensiver nutzen würden als Netze der ersten Struktur. Daraus ist allerdings nicht zu schließen, dass bei Verfügbarkeit des Netzes zweiter Struktur das systematische Verinnerlichen von theoretischen Kenntnissen am Bildschirm eines Computers

andere bewährte Lernmethoden und Lernmittel überflüssig machen würde. Weil Menschen sich voraussichtlich teilweise immer noch darin unterscheiden würden, mit welcher Lernmethode und welchen Lernmitteln
sie welchen Lerninhalt am besten aufzunehmen in der Lage sind, würde
man ihnen im Interesse guter Resultate die Freiheit lassen müssen, individuell auszuprobieren, ob sie hinsichtlich eines bestimmten Lernpensums
das für sie beste Ergebnis mit ständigem Arbeiten am Bildschirm eines
Computers oder mit anderen Lernmitteln bei nur gelegentlicher Nutzung
digital bereitgestellter Informationen erzielen. Wo immer sich Möglichkeiten zu alternativen Lernwegen bieten, könnte darauf im Netz zweiter
Struktur hingewiesen werden.

Freiheiten zu persönlicher Selbstbestimmung
würden tendenziell leichter und umfänglicher erkennbar

Unbedingte Freiheit gibt es für keinen Körper im Kosmos. Denn die in
einem Körper vereinte Energie ist endlich und begrenzt seine Verhaltensoptionen. Um seine aktuelle einzigartige Identität in der Weise aufrechtzuerhalten, dass ein beobachtender Mensch mit seinen Sinnen und
eventuell erforderlichen technischen Hilfsmitteln feststellen könnte, bei
dem zuletzt wahrgenommenen Körper handele es sich um denselben wie
den zuvor wahrgenommenen, ist jeder Körper auf eine Einschränkung
seiner Freiheiten zu bestimmtem Verhalten angewiesen. Andere Körper
können ihn an bestimmtem Verhalten hindern. Benötigt er hingegen
zu einem bestimmten Verhalten andere Körper spezifischer Merkmale
in seiner Umgebung, dann vergrößert deren Verfügbarkeit und verklei-
nert deren Fehlen seine Wahlfreiheit, sich zu verhalten. So kann auch die
biologische Organisation eines Menschen nichts mit Freiheit als solcher
anfangen. Freiheit gibt es für einen bestimmten Menschen immer nur
in bestimmter Hinsicht und bestimmtem Grad von einem bestimmten
anderen Körper oder zu einem bestimmten Verhalten.

Je komplexer eine Situation ist, in der ein Mensch sich befindet, tendenziell umso anspruchsvoller ist es für ihn, im eigenen Kopf seine ganze
Freiheit zu erkennen, zwischen verschiedenen Verhaltensoptionen wählen zu können.

Je komplexer die Bedingungen sind, unter denen ein Mensch eine Entscheidung für bestimmtes Verhalten trifft, je weniger er die Komplexität der Lage durchschaut und je mehr Potenzial sein Verhalten in sich
trägt, im Sinne seiner Absichten nicht nur zu nutzen, sondern auch zu
schaden, tendenziell umso größer ist die Gefahr, dass er unbeabsichtigte,
ihm unerwünschte Nebenfolgen auslöst, die seine Freiheit im Verhalten
einschränken.

Je weiter die Aufteilung von Kompetenzen in Wissenschaften und Arbeitswelten fortschreitet, tendenziell umso größer werden die Bereiche,
in denen der einzelne Mensch in der öffentlichen Wahrnehmung als inkompetent gilt. Tendenziell umso eher neigt er dazu, für die Verwirkli-

chung seiner Vorhaben die Dienste anderer in Anspruch zu nehmen und damit auf die Freiheit zu verzichten, sein Verhalten allein zu bestimmen.

Je mehr ein Mensch sich so verhält, wie es ihm Hinweise aus digitalen Netzen empfehlen, ohne dies im eigenen Kopf zu überdenken, auf umso mehr Freiheit, sein Verhalten selbst zu bestimmen, verzichtet er.

Dem gegenüber würde ein Mensch seine persönliche Freiheit tendenziell in dem Maße erhöhen, wie er das *Provisorium* erfolgreich für sich nutzt, um seine Verhaltensoptionen zu erweitern. Trotz hoher und eventuell noch zunehmender Grade der Spezialisierung in Wissenschaften und Arbeitswelten würde er kompetenter, unter komplexen Daseinsbedingungen selbstbestimmt im eigenen Kopf Entscheidungen zu treffen. Er würde tendenziell seltener unreflektiert Verhaltensempfehlungen aus digitalen Netzen befolgen. Soweit er dies möchte, verhielte er sich tendenziell zielführender im Sinne seiner Absichten und würde eher unbeabsichtigte, ihm schädliche Nebenwirkungen, die seine Freiheit im Verhalten einschränken, vermeiden. Er befände sich in einer günstigeren Position, seine Freiheit zu vergrößern, individuelle Grundrechte für sich in Anspruch nehmen zu können.

Mehr Möglichkeiten zur subjektiven Vergewisserung, persönlich akzeptabel sicher zu sein

Je komplexer die Daseinsbedingungen eines Menschen werden und je mehr ihm der Überblick darin fehlt, tendenziell umso weniger kann er vorhandenen Gefahren vorbeugen, weil er entweder seine Risiken überhaupt nicht bemerkt oder zwar erkennt, aber nicht durchschaut, wie er sich möglichst wirksam vor einer Gefahr zu schützen vermag. Je nach persönlichen Eigenschaften und momentaner Befindlichkeit kann er damit unterschiedlich umgehen. Vielleicht lähmt er sich in Angst, machen Gefühle der Ohnmacht ihn schicksalsergeben. Oder er versucht, sein Unbehagen durch angenehmere Gedanken aus seinem Bewusstsein fernzuhalten. Oder er lässt, um auf möglichst Vieles gefasst zu sein, in seiner Fantasie die für ihn schlimmsten Schreckensszenarien erstehen. Womöglich ist er empfänglich für die Idee, dass es bis jetzt ruhig gebliebene, aber kampfbereite Mächte des Bösen gibt; dass diese Mächte als kriminelle Banden, als Terroristen oder feindlich gesonnene Regierungen von Staaten hervortreten könnten; dass Gruppen, die zu Aggressionen fähig und bereit sein könnten, identifiziert und niedergerungen werden müssten, in der Annahme, dass sie besiegt keine Bedrohung mehr darstellen und daraufhin das eigene Dasein sicherer sei. Inwieweit solche Gefahren konkret gegeben oder bloße Erfindung sind, weiß er eigentlich nicht. Dennoch lässt er auch dann nicht unbedingt von seinen Befürchtungen ab, wenn er keine Belege für entsprechende Gefahren in seinen realen Lebensbezügen findet. Denn diesen Gefahren könnte er in einer Welt, die er nicht durchschaut, trotzdem ausgesetzt sein.

Je mehr Menschen so denken, tendenziell umso drängender sind sie addiert darauf aus, mutmaßliche Quellen von Verunsicherung unschädlich zu machen. Tendenziell umso eher zerstören sie versehentlich Stützen öffentlicher Sicherheit. Tendenziell umso eher flammen alte beruhigte Gefahrenherde wieder oder ganz neue auf. So bringt der Versuch, durch die Zerstörung von Unwägbarem, vermeintlich Gefährlichem mehr Sicherheit für das eigene Dasein zu erlangen, noch mehr Verunsicherung in das Neben- und Miteinanderexistieren. Je mehr Menschen unter einem solchen Mangel an Sicherheitsgefühl leiden und je unerträglicher sie dies finden, tendenziell umso mehr Kraft bringen sie gemeinsam auf, wenn sie zu vernichten suchen, was vielleicht gefährlich sein oder werden könnte. Tendenziell umso eher zerstören sie versehentlich Stützen öffentlicher Sicherheit. Eine entsprechend tendenziell umso größere zusätzliche Gefahr für die öffentliche Sicherheit geht von ihnen selbst aus. So kann auch derjenige, der für sich persönlich kein im einzelnen undefinierbares, unerträglich großes Bedrohtsein spürt, zum Schutz und zur Förderung seiner Anliegen daran interessiert sein, dass die sich stärker bedroht Fühlenden zu mehr subjektiver Wahrnehmung persönlichen Sicherseins gelangen. Wie kommt man dahin?

Ein nachhaltigeres Gefühl von Sicherheit erreicht ein Mensch nur in dem Maße, wie er sich im eigenen Kopf vergewissert, dass er seinem individuellen Bedürfnis nach vor Gefahren hinlänglich sicher ist. Reicht seine Kompetenz dazu nicht aus, geht es darum, den Mangel auszugleichen. Hier stellt sich die Frage, ob und gegebenenfalls inwiefern ihm Recherchen in digitalen Informationsnetzen dabei dienlich sein könnten. Zunächst einmal ist festzustellen, dass jeder Mensch lebenslang in einem offenen System existiert. Das bedeutet: Er kann immer nur relativ mehr Sicherheit für bestimmte Aspekte seines Daseins erlangen. Niemals ist er imstande, sich vollständig vor allem persönlichen Unheil zu schützen. Vermag er mit besonderem Verhalten den eigenen Tod hinauszuzögern, setzt dieser ihm zu einem späteren Zeitpunkt seine unausweichliche Grenze. Auch mit Recherchen in digitalen Netzen und dabei zu empfangenden Informationen zur Vorbereitung von Entscheidungen für bestimmtes Verhalten kann er sich nie vollständig von alldem befreien, wovor er diffuse Angst hat oder sich eingegrenzt definiert fürchtet. Nur einige besondere Gefahren vermag er einzudämmen und wiederum bloß einen Teil davon zu unterbinden. Zudem beschränken sich Recherchen in digitalen Netzen stets auf maschinenlesbare Daten beim aktuell allgemein verfügbaren Kenntnisstand. Auf Gefahren, die bisher niemandem aufgefallen oder neuer als der aktuelle Informationsstand des genutzten digitalen Netzes sind, wird der Recherchierende allenfalls dann in dem Netz aufmerksam, wenn er aus bestimmten empfangenen Informationen im eigenen Kopf entsprechende Schlüsse zieht, die auf seine realen Daseinsbedingungen zutreffen. Auch mit der Anwendung des *Provisoriums* bliebe dies so. Doch könnte er mit Recherchen im digitalen Netz zweiter Struktur das für ihn relevante, um ihn herum Geschehende auf tendenziell kürzeren Recherchewegen und vollständiger im Rahmen des aktuell allgemein zugänglichen Kenntnisstandes erkennen und daraufhin seine Möglichkeiten der Beeinflussung und Kontrolle im Sinne seiner Anliegen tendenziell umfassender ausschöpfen, als wenn er auf die Nutzung digitaler Netze der ersten Struktur beschränkt bliebe. Je näher bis zur aktuellen Kapazitätsgrenze des Netzes zweiter Struktur ein Mensch sein Potenzial digitaler Recherche zur Ermittlung persönlicher Gefahren nutzen würde, je genauer er im Ergebnis bestimmte Gefahren zueinander gewichten könnte, je mehr Gründe er dafür fände, nur sehr unwahrscheinlich und deshalb vernachlässigbar von einem spezifischen Unheil bedroht zu sein, je ungeteilter er sich auf das Abwenden eines als relativ groß bewerteten besonderen Risikos konzentrieren könnte, tendenziell umso mehr würden Gefühle der Ohnmacht seiner Ansicht weichen, mit eigenem Bemühen die eine oder andere Bedingung seiner Umwelt in seinem Sinne gefahrenmindernd beeinflussen zu können. Je gewisser seine Überzeugung würde, dass er mit seinem die Informationen aus den Recherchen einbeziehenden Verhalten das Menschenmögliche zur Minderung von ihn betreffenden Gefahren tut, tendenziell umso weniger würde er aus angstgespeister innerer Unruhe, irgendetwas gegen lauernde Gefahren von überall her tun zu müssen, zur Erhöhung seines Sicherheitsempfindens das persönliche Heil in einer zusätzlichen Krücke sehen, die das

ständige weltweite Jagen nach unsichtbaren Feinden und das vorsichts-
halbe Ausschalten bestimmter einzelner Personen und Gruppen, die als
mögliche Feinde infrage kommen, beinhaltet. Auch tendenziell umso
weniger anfällig wäre er dafür, Zuflucht in der Unterwerfung möglichst
vieler Staatszugehöriger unter eine zentral organisierte weitestmögliche
Überwachung und Verhaltensvorgabe zu suchen, wofür die meisten oder
alle mit einer Einschränkung ihrer individuellen Grundrechte bezahlen
müssten.

Recherchen im Netz zweiter Struktur
gegen den Zerfall von Vertrauen

Jeder, der in einer Gesellschaft, in einem Staat Ziele verwirklichen möchte, die ihm auf sich allein gestellt nicht gelingen können, ist darauf angewiesen, dass er sich auf andere verlassen kann und andere ihm selbst
vertrauen. Nicht einmal ein Diktator, der über ein Durchsetzungsvermö-
gen wie kein zweiter verfügt und alle möglichen Vorkehrungen zu seiner
persönlichen Sicherheit trifft, kommt ganz ohne Vertrauen aus.

Wer als Laie in einer für ihn wichtigen Angelegenheit die Dienste eines
Experten – zum Beispiel eines Arztes, eines Ingenieurs oder Rechtsanwal-
tes – in Anspruch nimmt, verlässt sich ohne einen besonderen Zwang
nur soweit auf den Experten, wie er diesem vertraut. Wer sich überlegt,
ob er mit einem Handy telefonieren, sich dabei aber keine Verletzungen
zuziehen möchte, vertraut entweder darauf, dass das Gerät nicht explo-
dieren kann, wenn er es bei sich trägt. Oder er verzichtet auf das Handy.

Angenommen, es gelten Fangquoten für die Fischerei bestimmter Arten
in Tiefseegebieten. Werden diese Quoten überschritten, kann nicht auf-
geklärt werden, welche Schiffsbesatzungen dafür verantwortlich und zur
Rechenschaft zu ziehen sind. Dann könnten Fischer darauf setzen, trotz
Überschreitens erlaubter Quoten ungestraft davonzukommen. Unter diesen Bedingungen kann sich die Hoffnung der Verbraucher von Meerestie-
ren, dass das Meer nicht »leergefischt« und die Auswahl an Nahrungsmit-
teln von da her in Zukunft nicht kleiner wird, allein auf das Vertrauen in
die Fischer stützen, dass auch sie künftig noch bestimmte Arten im Meer
zum Fang vorfinden wollen.

Ein Bankinstitut gewährt einem anderen im Interbankenhandel freiwillig nur dann einen unbesicherten Kredit, wenn das Vertrauen auf Ausgleich durch Verrechnung mit anderen Geschäften oder Rückzahlung zu den vereinbarten Bedingungen dafür groß genug ist.

Damit ein von Menschen geschaffener Staat funktionieren kann, bedarf es in manchen Hinsichten der Koordination und Direktive durch einige wenige Personen an zentralen Stellen. Dass die damit einhergehenden Maßnahmen ihre den Staat aufrechterhaltenden oder stärkenden Wirkungen entfalten, hängt unter anderem davon ab, inwieweit die betroffenen Staatszugehörigen die Eingriffe in ihr Leben akzeptieren. Freiwillig sind die vielen dazu nur soweit bereit, wie sie darauf vertrauen, dass ihre individuellen Daseinsinteressen durch die zentral geführten Maßnahmen mehr gefördert als beeinträchtigt werden.

Dies sind nur einige wenige Beispiele dafür, wie wichtig Vertrauen zwischen Menschen in verschiedenen Daseinsbezügen ist. Doch je komplexer Daseinsbedingungen werden, tendenziell umso schwieriger wird es für die einzelnen Menschen zu überblicken, wem und welchen von Menschen geschaffenen Gütern sowie veranlassten Entwicklungen sie vertrauen dürfen, ohne später vom Ergebnis enttäuscht zu sein.

Wer möchte, kann bereits in einem digitalen Netz erster Struktur nach Anhaltspunkten für die Vertrauenswürdigkeit eines bestimmten anderen Menschen oder einer Gruppe von Personen recherchieren. Das Ergebnis der digitalen Recherche ist allerdings nur ein Teil der Informationen, die er zu seiner Beurteilung braucht. Dazu muss er den digitalen Informationsteil erst noch mit Informationen verbinden, die in keiner digitalen Sprache ausdrückbar sind und die er allein in sich trägt. Dies würde bei Nutzung des digitalen Netzes zweiter Struktur auch nicht anders sein. Doch wäre seine Suche im Netz zweiter Struktur tendenziell zielgerichteter und ergiebiger. Das Ergebnis seiner Recherche würde mehr Gewissheit für ihn bedeuten, keine relevanten, aktuell digital verfügbaren Informationen unberücksichtigt gelassen zu haben. Hinweise auf übereinstimmende Merkmale zwischen sich und der anderen Person oder Gruppe, deren Vertrauenswürdigkeit infrage steht, würden ihm gegebenenfalls das Potenzial einer gemeinsamen Beziehung zeigen – zum Beispiel, ob er aus einem bereits erfolgten Verhalten der anderen Person oder Gruppe einen Schaden erleiden könnte. Auf falschen Annahmen beruhende Befürchtungen, die sein Vertrauen zu einem anderen Menschen oder einer Gruppe unnötig belasten, ließen sich möglicherweise eher ausräumen.

Im umgekehrten Fall könnte der Recherchierende eher erkennen, wenn er einem anderen Menschen oder einer Gruppe zu sehr vertraut hat, und womöglich eine schon begonnene Schadensentwicklung stoppen oder einen noch nicht eingetretenen Schaden vielleicht gerade noch rechtzeitig abwenden.

Mehr Beurteilen von Risiken im eigenen Kopf

Je selbstverständlicher ein Mensch in seinen Entscheidungen unter komplexen Daseinsbedingungen dem folgt, was ihm bei seinen Recherchen in digitalen Informationsnetzen der ersten Struktur empfohlen wird, tendenziell umso weniger übt er sich darin, in seinem Kopf die Sinnhaftigkeit und die Folgen dessen, was er tut, zu überblicken. Tendenziell umso unfähiger wird er, in seinem Kopf eine von seinem Verhalten ausgehende existenzielle Gefahr zu erkennen. Tendenziell umso unwahrscheinlicher weiß er von einer besonderen Stelle, an der er eine begonnene Schadensentwicklung eindämmen oder stoppen könnte. Tendenziell umso größer ist die Gefahr, dass er mit seinem Verhalten sich und/oder andere in unbeabsichtigter Weise schädigt. Je komplexer Daseinsbedingungen werden und je mehr Menschen unbeabsichtigte Schäden verursachen, tendenziell umso eher können sich diese Einzelschäden zu einem größeren Gesamtschaden akkumulieren und im Hinblick auf ein aus der Störanfälligkeit technischer Geräte resultierendes Gesamtschadenspotenzial wie nie zuvor Ausmaße annehmen, die die Menschheit in ihren Existenzgrundlagen erschüttern.

Zwar kann ein Wissenschaftler oder wissenschaftsbasiert anwendungstechnischer Experte im Rahmen seiner disziplinären Fachkompetenz ein Daseinsrisiko für einen einzigartigen Menschen, eine besondere Gruppe, einen bestimmten Staat begutachten. Auch können mehrere Wissenschaftler verschiedener Disziplinen ein solches Gutachten erstellen und so das Risiko gemeinsam auf einer etwas breiteren Basis beurteilen. Doch je mehr disziplinäre Forschungsbereiche es gibt und je komplexer eine zu beurteilende Situation ist, tendenziell umso schwerer wird es für jeden, der ein solches Gutachten wünscht, über die eigene eventuell vorhandene Teilkompetenz hinaus die zusätzlich erforderlichen disziplinären Experten zu finden, die jeweils in einer bestimmten Hinsicht Sachdienliches äußern, sodass ein gemeinsames, einigermaßen adäquates Gesamturteil über das Risiko zustandekommt. Je komplexer die für das Risiko relevanten Bedingungen der betreffenden Person oder Gruppe sind, tendenziell umso aufwendiger und unerreichbarer ist die – gemessen am aktuell allgemein verfügbaren wissenschaftlichen Kenntnisstand – möglichst umfassende Würdigung des Risikos in dem interdisziplinären Gutachten. So beklagt der Experte in Rückversicherungen Hans-Jürgen Schinzler:

»Für die kompliziertesten Sachverhalte legt man Ihnen heute eine Darstellung vor, die der Computer modellgemäß ausgerechnet hat – was da hineingeflossen ist, ob die Parameter stimmen, das können Sie gar nicht mehr nachprüfen.« (2)

Jeder, der in digitalen Netzen recherchiert, welche Risiken in der spezifischen Befindlichkeit einer individuellen Person oder einer bestimmten Menschengruppe bestehen, ist mit dem Problem konfrontiert, dass je größer die Datenmenge ist, die er auf seine Anfrage hin empfängt, umso kleiner relativ dazu die Zahl der Kombinationen von Daten aus der Menge ist, die er mit seiner begrenzten geistigen Kapazität und dem daraus folgenden Zwang zur Datenselektion als relevant im Sinne seiner Intentionen berücksichtigen kann. Daran lässt sich nichts ändern.

Dennoch oder gerade deswegen stellt sich die Frage, ob mit der disziplinären beziehungsweise interdisziplinären Aufbereitung von Informationen in digitalen Netzen der ersten Struktur die Möglichkeiten zum treffsicheren Zugriff des Recherchierenden zu Informationen für seine Zwecke bereits optimiert sind oder ob die Treffsicherheit durch eine andere Aufbereitung der Informationen erhöht werden könnte. Eine digitale Aufbereitung von Informationen, die dem Recherchierenden eine höhere Treffwahrscheinlichkeit eröffnet, müsste es ihm erleichtern, in der Unübersichtlichkeit seiner Daseinsbedingungen auf kürzerem gedanklichem Weg, mit einer kleineren auf ihn einströmenden Menge von maschinenerfassten Daten eine Schleife in seinen Kopf zu ziehen, um sich zu vergewissern, ob das, was er tut oder tun möchte, im Rahmen seiner Intentionen verantwortbar erscheint oder ein Risiko bedeutet, das mit zu hoher Wahrscheinlichkeit den eigenen Interessen zuwiderlaufende Folgen zu großen Ausmaßes nach sich zieht.

Diese Anforderungen könnten mit der zweiten Forschungsstruktur und der aus ihr hervorgehenden Aufbereitung von Informationen besser als auf Basis der nur disziplinär-interdisziplinär in digitalen Netzen aufbereiteten Informationen erfüllt werden. Der Recherchierende würde zu ermitteln suchen, ob das Potenzial einer Beziehung zwischen seiner persönlichen Befindlichkeit und einem bestimmten, ihm unzulänglich bekannten Körper besteht; ob der fremde Körper, falls es zu dieser Beziehung kommt, das Potenzial hat, den Menschen in einem für dessen Existenz relevanten und im Kopf erfassbaren Anliegen zu stärken oder zu schwächen; ob der Mensch selbst mit bestimmtem Verhalten den fremden Körper beeinträchtigen oder stärken kann. Dabei würden die maschinenlesbaren Daten, die der Recherchierende in seinem Kopf zu beurteilen hat, tendenziell umso weniger sein, je vollständiger er in seiner Anfrage zuvor dem Netz zweiter Struktur Informationen über seine eigenen individuellen Merkmale wie auch Informationen über individuelle Merkmale des anderen Körpers mitgeteilt hat. Was sich aus all dem ergibt, könnte der Recherchierende in seine Entscheidungen für bestimmtes Verhalten einbeziehen.

Je mehr Menschen sich das *Provisorium* zu eigen machen und und je konsequenter sie es dazu nutzen würden, immer wieder nach übereinstimmenden Merkmalen zwischen für ihre jeweilige Existenz Relevantem, das sie im Kopf erfassen, und ihnen unzulänglich bekannten Körpern jenseits ihres Wahrnehmungsvermögens zu recherchieren, tendenziell umso sicherer ließe es sich vermeiden, dass menschliches Verhalten unbeabsichtigten, im Rückblick lieber vermiedenen Schaden anrichtet.

Im Prinzip genauso wie der Recherchierende im Netz zweiter Struktur ein von einem anderen Körper für den Recherchierenden selbst ausgehendes Risiko ermitteln könnte, wäre es ihm möglich, nach Risiken zu fahnden, die nicht ihn selbst betreffen, sondern in Beziehungen zwischen anderen Körpern bestehen.

<h2 style="text-align:center">Unwägbarkeiten
in computergestützt automatisierten Abläufen</h2>

Je erfolgreicher Erfinder darin sind, die technischen Voraussetzungen für die computerbasierte Automatisierung des Treffens von Entscheidungen für bestimmtes Verhalten und von Arbeitsabläufen bereitzustellen, tendenziell umso folgenträchtigere Möglichkeiten der Anwendung ergeben sich daraus. Tendenziell umso weiter entfernen sich die Potenziale an Gesamtfolgen von dem, was die Erfinder sich im eigenen Kopf als Folgen auszumalen vermögen. Entsprechendes gilt für Anbieter wie Nutzer der automatisierten Abläufe, und zwar gleichermaßen, ob die betreffenden Personen für digitale Recherchen bloß über Netze der ersten oder auch über das Netz der zweiten Struktur verfügen. Doch in der Wahrnehmung individueller Gefahren aus den Anwendungen zeigt sich ein Unterschied. Recherchiert ein Erfinder, Anbieter oder Anwender computergestützt automatisierter Entscheidungen und Arbeitsabläufe nur in digitalen Netzen der ersten Struktur, dann fällt es ihm tendenziell schwerer, die möglichen Gefahren aus den Anwendungen für sich persönlich oder für einen spezifischen anderen Körper im eigenen Kopf zu erfassen, als wenn er diesbezüglich im digitalen Netz der zweiten Struktur nach Informationen suchen würde. Mit entsprechend größerer Wahrscheinlichkeit ignoriert der auf Recherchen in digitalen Netzen der ersten Struktur Beschränkte die Grenzen der Automatisierung, deren Überschreiten eine übergroße Gefahr für seine Anliegen bedeutet. Tendenziell umso eher lässt er sich auch jenseits dieser Grenzen auf computergestützte Automatisierungen ein in der leichtfertigen Annahme, dass wohl keine Gefahr bestehe, weil es bisher zu keinem Schaden gekommen sei. Tendenziell umso eher spitzt sich das Risiko auf einen durch Automatisierung verursachten Zusammenbruch hin zu.

Hingegen würde der Kopfverstand des im digitalen Netz zweiter Struktur Recherchierenden eher dazu ausreichen, auf Hinweise darin aufmerksam zu werden, wie weit er mit Automatisierungen gehen darf, ohne bestimmte Anliegen einem übergroßen Risiko der Beschädigung auszusetzen. Je größer sein Interesse daran wäre, dem Risiko der seinen Absichten schädlichen Konsequenzen auszuweichen, tendenziell umso entschiedener würde er sich darum auf solche Hinweise hin bemühen. Ein je höherer Anteil der Erfinder und Anwender computergestützt automatisierter Abläufe sich so verhielte, tendenziell umso eher würden ihre geistigen Kopfkapazitäten addiert dazu ausreichen, computergestützt automatisierte Abläufe, die mangels Beherrschbarkeit Menschen in existenzielle Not zu bringen drohen, von vornherein gar nicht erst zuzulassen.

Von Menschen geschaffene Verhältnisse,
die sich einer Risikobewertung
auch mit dem Netz zweiter Struktur entziehen

Menschen können Entwicklungen und Zustände herbeiführen, die sich einer Risikobewertung in Bezug auf bestimmte Anliegen soweit entziehen, dass sich daran auch bei Verfügbarkeit des digitalen Netzes zweiter Struktur nur wenig oder gar nichts im Vergleich zur Nutzung digitaler Netze erster Struktur ändern würde. Ein Beispiel dafür ist die Kreation von Collateralized Debt Obligations (CDOs). Dazu Nouriel Roubini und Stephen Mihm:

>*Sehen wir uns einen typischen CDO an. Ausgangspunkt sind tausenderlei Kredite, ob gewerbliche Hypotheken, Baudarlehen, Autokredite, Kreditkartenforderungen, Darlehen für kleine Unternehmen oder Ausbildungskredite. Diese werden in einem forderungsbesicherten Wertpapier gebündelt. Das entstandene Wertpapier wird mit 99 anderen Papieren zu einem CDO zusammengeschnürt. Nun nehmen wir dieses CDO und kombinieren es wiederum mit 99 anderen CDOs, von denen sich jedes aus einer eigenen Mischung von hypothekenbesicherten Wertpapieren zusammensetzt. Der Rest ist Mathematik: Theoretisch muss der Käufer eines solchen CDO durchschauen können, wie solide die zehn Millionen zugrundeliegenden Darlehen sind – eine unmögliche Aufgabe.*« (3)

Menschen schaffen Finanzmärkte. Zu bestimmen, wie transparent ein Finanzmarkt ist beziehungsweise wie unübersichtlich er wird, liegt im Einflussbereich seiner Initiatoren und Mitwirkenden. Je schwerer es zu beurteilen ist, welches Risiko die einzelnen Teilnehmer mit ihrem Verhalten auf einem bestimmten Finanzmarkt eingehen, tendenziell umso weniger kann das Eigentum an Produkten dieses Finanzmarktes als Sicherheit bei Kreditgeschäften zählen. Je bedeutsamer diese Produkte für die aktuelle Solvenz und Gefahr künftiger Insolvenz der einzelnen Akteure sind, tendenziell umso mehr sinkt deren jeweilige Bonität mit der Geringerschätzung der Produkte. Tendenziell umso eher kommen deswegen bestimmte Kreditgeschäfte nicht zustande. Je größer das Volumen dieses

Ausfalls ist und je mehr dieser in Fernwirkungen jenseits des besonderen Finanzmarktes die gedeihliche Entwicklung privatwirtschaftlicher Unternehmen behindert, tendenziell umso mehr leidet die Volkswirtschaft oder der anders definierte Wirtschaftsraum darunter.

Will man so viel Prosperität des Wirtschaftsraumes wie möglich, dann müssten die Initiatoren eines bestimmten Finanzmarktes und seine Teilnehmer darin auch bei Verfügbarkeit des digitalen Netzes zweiter Struktur umso dringlicher davon abgehalten werden, die Komplexität dieses Finanzmarktes weiter zu erhöhen, je relevanter das Geschehen auf dem Finanzmarkt für die Entwicklung des Wirtschaftsraumes ist und je weniger die an dem Markt einzugehenden Risiken noch mit Recherchen in dem Netz beurteilbar sind.

Tendenziell mehr Kompetenz zur Existenzsicherung nach daseinsrelevantem Computerversagen

»Wenn morgen die Computer ausfallen, bricht das Chaos aus. Das ganze ökonomische System würde kollabieren, es gäbe Revolten und Hungersnöte. Aber uns bleibt keine Wahl: Niemand kann mehr auf den Computer verzichten. Das heißt: Wir werden von unserer Technologie gezwungen, sie zu benutzen. In dem Sinne haben die Computer dann doch das Kommando übernommen.«

Rolf Pfeifer (4)

Je mehr maßgeblich von digitaler Technik abhängige Dienste angeboten, von Menschen angenommen und gewohnheitsmäßig genutzt werden, tendenziell umso mehr machen die Betreffenden sich von solchen Diensten abhängig. Je länger diese Dienste frei von Störungen funktionieren, tendenziell umso weniger unmittelbaren Anlass haben die Nutzer, sich darum zu sorgen, wie sie mit einer Situation nach einem Ausfall von Computertechnik zurechtkommen würden.

Je mehr ein Mensch Computer darüber bestimmen lässt, wie er sich in Belangen seines Daseins verhält, und je seltener er etwas am Resultat auszusetzen hat, tendenziell umso mehr verlernt er, in seinem eigenen Kopf Daseinsbedingungen zu beurteilen, darin Chancen wie Gefahren zu erkennen und auf Basis dessen Entscheidungen zu treffen. Je selbstverständlicher und unverzichtbarer einem Menschen, der für seine digitalen Recherchen zur Vorbereitung von Entscheidungen für bestimmtes Verhalten nur Informationsnetze der ersten Struktur nutzt, seine Abhängigkeit von Computern erscheint, tendenziell umso weiter ist er davon entfernt, sich darauf einzustellen, computergestützte Leistungen, auf die er existenziell angewiesen zu sein glaubt, auch ohne Computer erbringen zu können. Über je längere und je häufigere fehlerfreie Erfahrungen beispielsweise Fluggesellschaften mit bestimmten computergestützt automatisierten Abläufen bei Flügen verfügen und damit die Möglichkeit menschlichen Versagens der Piloten reduziert werden konnte, tendenziell umso größer ist die Versuchung für die Verantwortlichen, die Piloten gar nicht mehr darin zu unterrichten, was bei einem Versagen der Automatik manuell zu tun wäre.

Feststeht: Wenn alle oder fast alle Computer im Hinblick auf die Erfüllung menschenrelevant daseinswichtiger Aufgaben ausfallen würden – was wenn nicht durch Sabotage oder von Menschen zu verantwortende unbeabsichtigte Fehler, dann durch ein Naturereignis verursacht werden könnte –, so müssten Menschen plötzlich beinahe oder in vollem Umfang wie früher vorübergehend oder beständig ohne Computer ihr Dasein sichern und gestalten. Ob Menschen, denen ein Leben ohne Computer fremd geworden oder unbekannt ist, dazu fähig wären, ist eine offene Frage. Feststeht außerdem: Laien wie Experten, die sich von computergestützten Abläufen abhängig gemacht haben, könnten nach einem flächendeckenden Computerausfall nur ihre jeweiligen Erfahrungen und gelernten Kenntnisse sowie das, was ihnen computerunabhängig an Fachliteratur verfügbar ist, in ihre Entscheidungen zur Erfüllung individueller und gesellschaftlicher Belange einbringen. Doch das reicht vielleicht nicht aus, um einem Chaos Einhalt zu gebieten, das Überleben aller betroffenen Menschen zu sichern.

Angenommen, der freiwillige Verzicht auf Computer ist keine Option mehr: Was könnte von zentraler Stelle aus vorbeugend im Hinblick auf die als schädlich bewerteten Folgen eines Computerausfalls getan werden? Wie bereits mancherorts praktiziert, können computerunabhängige Parallelstrukturen und Notfallpläne bereitgehalten werden, um besonders Lebenswichtiges wie beispielsweise den Betrieb von Krankenhäusern, die Wasser- und die Stromversorgung möglichst jederzeit zu gewährleisten. Aber so lässt sich hinsichtlich all dessen, worin sich die einzelnen Menschen in ihren individuellen Lebensgestaltungen von Computern abhängig gemacht haben, nicht genug vorsorgen. Darauf müssten sich die vielen Einzelnen selbst einstellen.

Ob im Bereich der individuellen Anwendungen Vorbereitungen für den Notfall eines Lebens ohne Computer getroffen werden, hängt wesentlich mit ab davon, dass die vielen betroffenen Menschen die Möglichkeit einer solchen Situation nicht aus ihrem Bewusstsein fernhalten und dass sie sich einer solchen Situation nicht so ohnmächtig wie dem eigenen Tod gegenüber fühlen. Es ist ein Unterschied, ob ein Mensch sich passiv auf ein in seinem Sinne funktionierendes System von Maschinen verlässt, oder ob er das computergestützte Geschehen mit seinem eigenen Verstand begleitet, darauf Einfluss zu nehmen weiß und seine diesbezüglichen Optionen, soweit es ihm erforderlich erscheint, auch nutzt. Tut er Letzteres, dann ist er tendenziell aufmerksamer für existenzielle Risiken, die seine Abhängigkeit von maßgeblich computergelenkt automatisierten Abläufen mit sich bringt.

Wer sich computergestützter Abläufe in für sein Dasein wichtigen Belangen zusammen mit digitalen Recherchen im Netz zweiter Struktur bedienen würde, nähme sich in der Tendenz als selbstbestimmbarer, als weniger unabänderlich abhängig von den computergestützten Abläufen wahr. Zu Zeiten, da für ihn existenziell wichtige computergestützte Abläufe einwandfrei funktionieren, an einen möglichen Ausfall existenziell wichtiger, computergestützter Abläufe zu denken, würde ihm näher liegen, als wenn er bei seinen digitalen Recherchen auf Informationsnetze der ersten Struktur beschränkt wäre. Weil es tendenziell leichter für ihn wäre, digital persönliche Risiken und seine Möglichkeiten des Umgangs damit zu ermitteln, würde er sich tendenziell eher vorsorglich überlegen, wie er mit Situationen nach einem Ausfall für ihn wichtiger computergestützter Abläufe umgehen würde. Befände er sich vor der Entscheidung, ob er sich in einer Weise verhalten möchte, die ihn von computerbasierter Technik abhängiger machen würde, dann könnte er im Rahmen des aktuell digital allgemein verfügbaren Kenntnisstandes leichter als in Netzen der ersten Struktur ermitteln, wie er sich nach einem Computerausfall zu verhalten hätte, um Schaden abzuwenden oder zu minimieren. Bekäme er darauf keine ihn überzeugende Antwort, dann nähme er vielleicht Abstand von dem Verhalten, das seine Abhängigkeit von computerbasierter Technik vergrößern würde.

Unternehmensführung

Je weniger sich jemand mit dem Unternehmen identifiziert, für das er tätig ist, je weniger vereinbar seine persönlichen Anliegen mit dem sind, was das Unternehmen voranbringt, je mehr Gelegenheiten ein Beschäftigter hat, sich durch seine Tätigkeit persönliche Vorteile zum Nachteil des Unternehmens zu verschaffen, tendenziell umso wahrscheinlicher schadet er unbeaufsichtigt dem Unternehmen. Je deutlicher dem gegenüber ein Beschäftigter Merkmale seiner Person erkennt, die sich in gewünschter Weise verstärken, wenn das Unternehmen in bestimmten Hinsichten erfolgreich ist und mit einer diesbezüglich rückläufigen Entwicklung des Unternehmens abschwächen, tendenziell umso eher identifiziert er sich mit dem Unternehmen. Tendenziell umso eher trägt er auch unbeaufsichtigt zu einer gedeihlichen Entwicklung des Unternehmens bei.

Je mehr Menschen in einem betriebswirtschaftlich geführten Unternehmen beschäftigt sind, auf je höher und unterschiedlicher qualifizierte Spezialisten das Unternehmen angewiesen ist, je internationaler seine Produktionsstätten verteilt sind, je größer die Vielfalt der vom Unternehmen herzustellenden Güter ist, tendenziell umso kleiner sind die Ausschnitte relativ zu allen, das Unternehmen betreffenden Vorgängen, die einzelne Beschäftigte – auch diejenigen der Unternehmensspitze – im eigenen Kopf zur Kenntnis nehmen und in ihren Entscheidungen mitberücksichtigen. Tendenziell umso mehr müssen sich die um das Unternehmen Besorgten darauf verlassen, dass die Beschäftigten aller Funktionen und Betriebsstätten zwar hin und wieder mit ihren Wünschen nach persönlich günstigen Arbeitsbedingungen gegensätzliche Positionen zum Interesse des Unternehmens an niedrigen Kosten einnehmen, dabei aber den Bestand des Unternehmens nicht gefährden und sonst keine für das Unternehmen schadensträchtigen Absichten hegen. Entsprechend umso mehr kommt es darauf an, dass Beschäftigte in allen Funktionen ihr persönliches Verhalten mit dem Wohl des Unternehmens vereinbar gestalten. Dies setzt voraus, dass sie dazu in der Lage sind, hinreichende Anhaltspunkte für diese Vereinbarkeit zu finden.

Je größere Schäden in einem Unternehmen erbrachte Leistungen zur Folge haben können, die gegebenenfalls vom Unternehmen behoben werden müssen, tendenziell umso mehr ist die gedeihliche Entwicklung des Unternehmens davon abhängig, dass die maßgeblichen Beschäftigten aufmerksam und bemüht genug sind, Schäden für das Unternehmen zu vermeiden. Unter komplexen Bedingungen reicht guter Wille allein dafür nicht immer aus. Unerlässlich ist ausreichende Kompetenz der einzelnen Beschäftigten, in den besonderen Gegebenheiten Entscheidungen im Sinne ihrer Intentionen treffen zu können.

Ein Beschäftigter, der das digitale Netz zweiter Struktur nutzen würde, wäre tendenziell eher in der Lage zu ermitteln, ob und wenn ja in welchen Merkmalen eigene Anliegen und das Prosperieren des Unternehmens einander verstärken oder förderlich sein könnten, als wenn er bei digitalen Recherchen zur Vorbereitung von Entscheidungen für bestimmtes Verhalten nur über Netze der ersten Struktur verfügte. Er wäre imstande, auf tendenziell kürzeren Recherchewegen Hinweise darüber zu erlangen, wie er in Übereinstimmung mit seinen persönlichen Anliegen zur Stärkung des Unternehmens beitragen könnte. Den Idealfall angenommen, alle Beschäftigten des Unternehmens recherchierten entsprechend im Netz zweiter Struktur und befolgten dabei empfangene Hinweise für bestimmtes, die Synchronität ihres Erfolges im Sinne individueller Anliegen und des Erfolges der Unternehmensentwicklung tendenziell förderndes persönliches Verhalten. So konsequent sie dies tun würden, trügen sie tendenziell zum Zusammenhalt des Unternehmens bei, auch wenn dieses so groß geworden ist, dass die meisten Beschäftigten einander nicht persönlich kennen und die wenigen Personen an der Unternehmensspitze den Überblick über das Geschehen in den verschiedenen Unternehmensteilen verloren haben.

Für alle Beschäftigten in ihren spezifischen Aufgaben ließe sich tendenziell leichter erkennen, ob individuelle Leistungsanreize so gesetzt sind, dass diejenigen unter ihnen, die sich davon motivieren lassen, nicht gegen, sondern für das Unternehmen arbeiten. Kooperationsbereitschaft der einzelnen Beschäftigten mit dem Unternehmen vorausgesetzt, ließe sich auch tendenziell eher herausfinden, ob in dem Unternehmen bisher nicht gegebene Leistungsanreize bei Einführung sowohl den betreffenden Beschäftigten in ihren individuellen Befindlichkeiten, als auch dem Unternehmen tendenziell zugutekommen könnten.

Mit Recherchen im Netz zweiter Struktur ließe sich tendenziell leichter und tendenziell frühzeitiger ermitteln, ob ein kurzfristig günstiger Geschäftsverlauf nur um den Preis eines längerfristig zu erwartenden

Verlustes an Vertrauen der Kunden und damit möglicherweise künftig rückläufiger Geschäfte erzielt wird. Nicht nur die unmittelbar für die Gefährdung des Vertrauens der Kunden Verantwortlichen, die sich eventuell zu ihrem persönlichen Vorteil und zum längerfristigen Schaden des Unternehmens untereinander abstimmen könnten, sondern ein größerer Personenkreis wäre dazu auf tendenziell kürzeren Recherchewegen als bei alleiniger Nutzung digitaler Netze der ersten Struktur in der Lage. Die Wahrscheinlichkeit, dass über den drohenden oder bereits begonnenen Vertrauensverlust laut genug im Unternehmen und in einer breiteren Öffentlichkeit kommuniziert wird und eine wirkmächtige Opposition gegen den Zerfall des Vertrauens heranwächst, bevor der Geschäftsverlauf nachhaltig Schaden nimmt, wäre tendenziell höher als bei alleiniger Nutzung digitaler Netze der ersten Struktur.

Sollen zwei Unternehmen zu einem einzigen werden, könnten Recherchen im Netz zweiter Struktur es den einzelnen Beschäftigten beider Unternehmen tendenziell erleichtern, übereinstimmende Anliegen zu erkennen und so zum Gelingen der Zusammenarbeit beitragen.

Von organisierter Verantwortungslosigkeit zu mehr Nachweis persönlichen Verantwortlichseins

Solange nur die disziplinäre beziehungsweise interdisziplinäre Forschungsstruktur und die ihr entsprechende Aufbereitung von Daten in digitalen Netzen zur Verfügung stehen, gilt: Je komplexer Daseinsbedingungen sind und je weniger ein einzelner Mensch davon begreift beziehungsweise je weiter die Arbeitsteilung fortschreitet und je kleiner die Bereiche werden, in denen einzelnen Personen Sachkompetenz zugebilligt wird, je mehr sich der Einzelne in seinen Entscheidungen auf Meinungen und Hinweise anderer stützt, tendenziell umso schwerer ist einem Entscheider nachzuweisen, dass er Schuld an einem bestimmten entstandenen Schaden trägt. Tendenziell umso eher kann ein Entscheider mit dem Versuch, sich einen Vorteil zu verschaffen und dabei die Schädigung anderer billigend in Kauf zu nehmen, darauf bauen, dass er für einen eingetretenen Schaden persönlich nicht privatrechtlich haftbar gemacht und/oder strafrechtlich belangt werden kann.

Je bedeutsamer ein privatwirtschaftliches Unternehmen für den Staat ist und je schwächer es sich entwickelt, tendenziell umso mehr beeinträchtigt dies auch Anliegen von Staatszugehörigen, die nicht als Beschäftigte oder Geschäftspartner mit dem Unternehmen verbunden sind. Tendenziell umso größer wird der Druck, das Unternehmen mit öffentlichen Mitteln zu stützen und zu retten. Tendenziell umso eher können sich mit einer solchen Erwartungshaltung Beschäftigte eines für den Staat relativ wichtigen Unternehmens dazu ermutigt fühlen, auf einen persönlichen Vorteil spekulierend im Namen des Unternehmens besonders waghalsige Geschäfte einzugehen. Gelingt die Spekulation, profitieren die risikofreudigen Beschäftigten des Unternehmens davon. Für Verluste bei Misslingen kommt die Gemeinschaft aller Staatszugehörigen auf.

Stünde einem Entscheider bei seiner Vorbereitung bestimmten Verhaltens das *Provisorium* zur Verfügung, könnte er eher für Schäden, die Folgen seines Verhaltens sind, zur Rechenschaft gezogen werden. Denn mit der Anwendung des *Provisoriums* hätte er leichteren Zugang zu Hinweisen auf mögliche Folgen und Risiken eines bestimmten Verhaltens. Dazu würde er im digitalen Netz zweiter Struktur nach Übereinstimmungen von Merkmalen seiner eigenen Befindlichkeit mit Merkmalen eines ihm unzulänglich bekannten Körpers, des geplanten Vorhabens fragen. Dabei würde sich im Rahmen des aktuell allgemein digital verfügbaren Kenntnisstandes gegebenenfalls auch das Potenzial einer gemeinsamen Beziehung zeigen. Darin wäre auch der Hinweis auf einen möglichen Schaden aus dieser Beziehung enthalten.

Zu solchen Recherchen könnte ein Staatszugehöriger gesetzlich verpflichtet werden. Es könnte ihm auferlegt werden, ein bestimmtes Verhalten zu unterlassen, wenn seine Recherchen ihm eine damit verbundene Gefahr von Relevanz für öffentliche Haushalte, für Steuerpflichtige, für die Volkswirtschaft, für den Staat anzeigen. Ignoriert der Staatszugehörige den Hinweis auf die Gefahr, dann könnte ihm dies aufgrund einer Dokumentation seines Rechercheweges, die seiner Manipulation entzogen von unabhängiger Stelle angefertigt verfügbar gehalten würde, nachgewiesen werden und er für einen Schaden, den in der Folge andere Personen erleiden, zur Rechenschaft gezogen werden. Auch wenn in einem diesbezüglichen Gesetz ein spezifisches Verhalten und ein daraus resultierender Schaden keine Erwähnung fänden, ließe sich das Gesetz so formulieren, dass darin niemand ein Schlupfloch vor Strafverfolgung ausfindig machen und ausnutzen könnte. Dies wäre nicht zuletzt bedeutsam hinsichtlich der Fortentwicklung technologischer Fähigkeiten und deren Anwendungen, die dem Gesetzgeber noch nicht bekannt gewesen sind.

Könnte dies Menschen nicht von Tätigkeiten abhalten, die aus übergeordneten Gründen gesellschaftlich erwünscht sind? Nein. Die Auflage, sich im Netz zweiter Struktur über mögliche unerwünschte Nebenfolgen eines bestimmten Verhaltens zu informieren, wäre für jemanden, der eine Entscheidung für bestimmtes Verhalten vorbereitet, klar. Empfinge er aus dem digitalen Netz eine Auskunft auf der Höhe des aktuell allgemein verfügbaren Kenntnisstandes und enthielte diese Auskunft keine Warnung vor Nebenfolgen, die rechtlich wirksam nach Eintreten eines Schadens gegen den Entscheider zu verwenden wäre, dann könnte dieser sich darauf verlassen, im Kontext mit der Antwort auf seine Anfrage als Folge seines Handelns nicht strafrechtlich belangt zu werden. Verhielte sich ein Entscheider, der auf seine Anfrage im digitalen Netz hin vor keinem Risiko schädlicher Nebenfolgen gewarnt worden ist, in bestimmter Weise und würde später im digitalen Netz auf eine gleiche Anfrage vor Risiken gewarnt, dann könnte der Entscheider deswegen nach Eintritt eines entsprechenden von ihm verursachten Schadens dafür nicht zur Rechenschaft gezogen werden. Ginge es um eine Handlung in mehreren Stufen, dann könnte man dem Entscheider auferlegen, nach Vollendung einer Stufe vor Beginn einer daran anknüpfenden Stufe erneut im Netz zweiter Struktur zu recherchieren, ob es eine Warnung vor unerwünschten Nebenwirkungen gibt, die ihm empfehlen oder ihn nach Gesetzeslage zwingen würde, sein Werk abzubrechen. Davon unberührt würde ein Entscheider wie schon vor Verfügbarkeit des *Provisoriums* für einen nachweislich fahrlässig oder absichtlich anderen Menschen zugefügten Schaden strafrechtlich verfolgt wie auch privatrechtlich haftbar gemacht werden können.

Recht: Option zu umsichtigerem Formulieren von Gesetzen

Je mehr Menschen die Fähigkeit verlieren, komplexe Daseinsbedingungen zu beurteilen, tendenziell umso schwerer wird es auch für diejenigen, die Recht formulieren, auf der Höhe des aktuell allgemein verfügbaren Kenntnisstandes alle im Sinne der Intentionen relevanten Aspekte in einem Gesetz mit zu berücksichtigen. Je mehr Relevantes deswegen in einem Gesetzestext unerwähnt bleibt oder nicht präzise genug formuliert wird, tendenziell umso häufiger sieht man sich zur Novellierung veranlasst. Würde man zur Vorbereitung von Gesetzen im digitalen Netz zweiter Struktur recherchieren, könnte tendenziell umsichtiger die Frage beantwortet werden, was in einem bestimmten Gesetz stehen soll, damit sein Zweck erfüllt wird beziehungsweise möglichst wenige unerwünschte Nebenwirkungen davon ausgehen. Gesetzesänderungen, die keine Anpassungen an gewandelte Bedingungen in dem Gegenstand darstellen, auf den sich ein Gesetz bezieht, bloß Folge mangelhafter Formulierung sind, würden tendenziell seltener werden.

Man kann nicht alles von zentraler Stelle
mit Geboten, Verboten und Auflagen
in einer beabsichtigten Weise lenken

Je häufiger ein Mensch beobachtet, wie andere Personen für bestimmte entstandene Schäden verantwortlich gemacht und bestraft werden, tendenziell umso eher meidet er Entscheidungen, deren Folgen mit ähnlichen Schäden verbunden sein könnten. Je weniger er überblickt, ob er mit einer bestimmten Entscheidung gegen Vorschriften verstößt, wofür er privatrechtlich haftbar gemacht und/oder strafrechtlich belangt werden könnte, tendenziell umso eher trifft er diese Entscheidung nicht. Je weniger ein Mensch die möglichen Folgen einer bestimmten Entscheidung einzuschätzen weiß und eine je höhere Haftung oder Strafe ihm persönlich droht in dem Fall, dass aus der Entscheidung ein Schaden entsteht, tendenziell umso eher weicht er dieser Entscheidung aus.

Will man, dass ein bestimmter Finanzmarkt funktioniert, dann muss man den Akteuren auf diesem Markt so viele Freiheiten lassen, ihr Verhalten selbst zu bestimmen, dass das Marktgeschehen nicht unterbunden wird. Will man, dass Verantwortliche in privatwirtschaftlichen Unternehmen geschäftliche Chancen wahrnehmen, die mit einem Risiko verbunden sind, dann darf man sie nicht so sehr mit persönlicher Haftung und strafrechtlicher Verfolgung im Fall des Misslingens bedrohen, dass sie keine geschäftlichen Risiken mehr eingehen. Will man, dass ein Industrieunternehmen erfolgreich wirtschaftet, dann darf man den für den Betrieb Verantwortlichen nicht so viele Sicherheitsmaßnahmen auferlegen, dass ihnen keine Güterproduktion mehr möglich ist. Will man florierende, dynamisch wachsende privatwirtschaftliche Unternehmen, dann darf man Personen der Geschäftsführung nicht so streng für das nach bestimmten Kriterien fehlerhafte Verhalten von Mitarbeitern mit speziellen Kenntnissen und Kompetenzen, über die die Vorgesetzten selbst nicht verfügen, persönlich belangen, dass diese ihre Mitarbeiter präventiv in ihrem eigenverantwortlichen Handeln einschränken, die Mitarbeiter deswegen ihre Funktionen im Unternehmen nicht zufriedenstellend erfüllen können, ihre unternehmensbezogene Kreativität und Zuversicht erstickt. Will man die ärztliche Versorgung der Bevölkerung sicherstellen, darf man die Haftung der Ärzte für Behandlungsfehler nicht so weit verschärfen, dass niemand mehr Arzt sein möchte.

Immer wieder muss Menschen ein Vertrauensvorschuss gewährt werden, sich in ihrer jeweiligen Tätigkeit im Sinne bestimmter Ansprüche verantwortlich zu verhalten. Doch einen solchen Vertrauensvorschuss zu gewähren, fällt tendenziell umso schwerer, je weiter die Arbeitsteilung fortschreitet und infolgedessen immer mehr aufeinander angewiesene Menschen einander persönlich zu wenig oder überhaupt nicht kennen; je undurchschaubarer für die einzelnen Menschen Flechtwerke in Daseinsbedingungen werden; je häufiger Menschen auf ihr Vertrauen hin Enttäuschungen erfahren. Je schwächer das Vertrauen ist, tendenziell umso eher wird der Wunsch nach gesetzlichen Regelungen und Verschärfungen vorhandenen Rechts laut. Neue oder schärfere Gesetze können sich in einem besonderen Zusammenhang als zweckdienlich erweisen. Doch vieles im Alltag von Menschen lässt sich nicht juristisch regeln. Je mehr Individuelles zu beachten ist, umso schwieriger wird es, dafür einen allgemeinverbindlichen Gesetzestext zu formulieren. Umso mehr kommt es darauf an, dass möglichst viele einzelne Staatszugehörige möglichst

oft den Anspruch erfüllen, mit dem, was nur ungenügend gesetzlich zu
regeln ist, individuell so kompetent umzugehen, dass der Ruf nach gesetzlichen Regelungen unterbleibt. Mit dem Zugang zum digitalen Netz
zweiter Struktur ließe sich diese Kompetenz tendenziell erhöhen. Entsprechend würde der Druck, auch juristisch nicht Erfassbares mit einem
Gesetz zu regeln, tendenziell abnehmen. Tendenziell seltener würden
Menschen, die einander persönlich kennen und aus Erfahrung einander
vertrauen könnten, sich dazu veranlasst sehen, wechselseitige Gefälligkeiten und Geschenke durch Ansprüche von Rechts wegen zu ersetzen
und damit die einzigartige gegenseitige Wertschätzung in ihrem individuellen aufeinander Bezogensein zu schmälern. Juristische Regelungen
würden sich mehr auf das beschränken, was mit Rechten und Pflichten
in Gesetzen, dem jeweiligen Gegenstand am relativ besten gerecht wer-
dend, allen Staatszugehörigen vorgeschrieben werden kann. Tendenziell
seltener würde sich eine die Autorität des Gesetzgebers und der Gerichtsbarkeit untergrabende Lücke zwischen Gesetzestheorie und Lebenswirk-
lichkeit auftun.

Individuelle Grundrechte

Individuelle Grundrechte lassen sich teilweise unterschiedlich begrün-
den. Je länger die Liste der Rechte ist, über deren Rang als individuelle
Grundrechte disputiert wird, umso weiter können die Meinungen darüber auseinandergehen. Die Gewährleistung einiger individueller Grundrechte national, übernational und weltweit vermag dazu beizutragen,
dass mehrere Milliarden Menschen neben- und miteinander existieren,
dass sich die vielen Einzelnen öffentlich einigermaßen sicher fühlen und
ihre Leben entwickeln können. Daran orientiert lässt sich der weltweit
relativ größte Konsens beim Beantworten der Frage finden, was individuelle Grundrechte sind, welchen Grundrechten eine elementarere und
welchen eine nachrangigere Bedeutung beizumessen ist. Je nach Definition können nicht unbedingt alle individuellen Grundrechte jederzeit
überall in gleichem Umfang gewährleistet werden. Deshalb muss das Ziel
sein, das diesbezüglich Mögliche zu tun und einige wenige individuelle Grundrechte als unveräußerlich für jeden Menschen weltweit zu sichern. Dazu gehören zuvorderst das Recht auf Leben und das Recht auf

körperliche Unversehrtheit. Mit dem Umfang weltweiter Gewährleistung von individuellen Grundrechten müssen sich die Zugehörigen einzelner Staaten nicht zufrieden geben. Diesbezüglich steht es ihnen frei, in den Grenzen ihres jeweiligen Territoriums höheren Ansprüchen genügen zu wollen.

Sollen individuelle Grundrechte möglichst jedem Zugehörigen eines Staates, mehrerer Staaten oder weltweit gewährt werden, dann können und müssen zentral entscheidende Personen durch die Organisation von Gesetzgebungsverfahren, von Justiz und Ordnungskräften zum Gelingen beitragen. Aber immer da, wo Grundrechte nur so viel wert sind, wie die einzelnen Menschen davon Gebrauch machen, können die wenigen zentral entscheidenden Personen allein auch bei größtmöglichem Einsatz die Gewährleistung individueller Grundrechte für die Millionen einzelnen Staatszugehörigen nicht in dem Umfang sicherstellen, wie wenn so viele einzelne Menschen wie möglich sich aktiv selbst darum bemühen. Denn niemand an zentraler Stelle im Staat kann so viel wie jeder einzelne Staatszugehörige darüber wissen, was ihm persönlich wichtig ist und wie jeder in seiner individuellen Befindlichkeit von seinen individuellen Grundrechten Gebrauch machen kann und möchte. Darüber, wie sie dies tun möchten, können sich die vielen einzelnen Menschen tendenziell umso umfänglicher klar werden, je genauer sie ihre Daseinsbedingungen in dem für ihre persönlichen Belange maßgeblichen Rahmen im eigenen Kopf durchschauen. Doch dies fällt Menschen, die bei ihren digitalen Recherchen zur Vorbereitung von Entscheidungen für bestimmtes Verhalten nur über Netze der ersten Struktur verfügen, tendenziell umso schwerer, je komplexer ihre Daseinsbedingungen sind. Der Zugang zum digitalen Netz der zweiten Struktur würde den Staatszugehörigen eine höhere Kompetenz eröffnen, ihre individuellen Grundrechte unter komplexen Daseinsbedingungen wahrzunehmen.

Je mehr Staatszugehörige mit Zugang zum Netz zweiter Struktur ihr persönliches Anliegen in der Gewährleistung bestimmter individueller Grundrechte erkennen und je besser sie begreifen würden, wie sie diese wahrnehmen können, auf tendenziell umso größeren Widerstand stießen zentral entscheidende Personen beim Versuch, diese Grundrechte einzuschränken oder zu beseitigen. Tendenziell umso unwahrscheinlicher würde der Staat sich zu einem Regime mit Merkmalen des Totalitären oder einer Diktatur hin entwickeln. Je weiter die Einflüsse von Menschen auf- und die Interdependenzen untereinander weltweit fortgeschritten sind, tendenziell umso mehr sind Staatszugehörige darauf aus, dass bestimmte individuelle Grundrechte nicht bloß bis zu ihren Landesgrenzen, sondern auch in anderen Staaten und weltweit beachtet werden.

Digitale Preisgabe persönlicher Informationen und Wahrung der individuellen Persönlichkeit

Je uneingeschränkter Menschen in digitaler Kommunikation persönliche Informationen über sich einem offenen Personenkreis zugänglich machen, umso mehr verkleinern die Mitteilsamen ihre Möglichkeiten, den einzelnen anderen Menschen in ein intimes Wissen einzuweihen und ihn so mit einem besonderen Vertrauensbeweis aus den Millionen anderen Menschen hervorzuheben. Tendenziell umso mehr sinkt die Wertschätzung dessen, was den bestimmten anderen Menschen einzigartig macht. Tendenziell umso austauschbarer erscheint dieser. Tendenziell umso ersetzbarer und weniger wert machen sich auch diejenigen, die so freigebig Informationen über sich verbreiten. Damit einhergehend verstärkt sich die Neigung, individuelle Grundrechte weniger streng zu beachten. Andererseits kommen Menschen, die mit dem *Provisorium* ihre Kompetenz im Umgang mit komplexen Daseinsbedingungen erhöhen möchten, nicht daran vorbei, viele persönliche Informationen über sich selbst in digitale Netze einzugeben.

Angenommen, man möchte möglichst viel existenzielle Sicherheit für mehrere Milliarden gleichzeitig lebende, jeweils unverwechselbare Menschen. Wer sich selbst noch nicht aufgegeben hat, muss dann möglichst sparsam mit der wahllosen Streuung persönlicher Informationen in digitalen Netzen umgehen, um dem Zerbröckeln und Abwerten seiner Persönlichkeit auszuweichen. Andererseits tut es seiner Selbstbehauptung gut, persönliche Informationen in das digitale Netz der zweiten Struktur einzugeben, um unter komplexen Daseinsbedingungen, die er sonst weniger durchschaut, möglichst erfolgreich im Sinne seiner Anliegen vorzugehen. Um beiden Zielen möglichst nahe zu kommen, wäre ein Rahmen von Regeln erforderlich, dessen Einhaltung eine Behörde überwacht. Dabei müsste die Maxime gelten, jedem Menschen, der im Netz der zweiten Struktur unterwegs ist, dabei anonym bleiben und die von ihm eingegebenen persönlichen Daten nach seiner Recherche löschen

will, dies zu erlauben und die technischen Voraussetzungen dafür trotz
der Internationalität des Datenverkehrs und seiner Ausspäher mit größtmöglicher Effizienz bereitzuhalten.

Will der Recherchierende, dass seine Eingaben in das Netz zweiter
Struktur anschließend ein Teil von dessen aktuell verfügbarem Kenntnisstand werden und seine Urheberschaft der Eingaben weitestmöglich
verdeckt halten, dann müsste er sich bei einer Aufsichtsbehörde regist-
rieren lassen und auf diese Weise mit allen seinen Eingaben von Informationen, die Inhalt des digitalen Netzes sein sollen, als Urheber zeitlich
unbefristet identifizierbar sein. In straf- wie privatrechtlichen Auseinandersetzungen, die von ihm stammende Informationen tangieren, müsste
die Behörde Auskunft über seine Identität erteilen können.

Möglich wäre auch, es demjenigen, der Informationen zu besonderen
Themenbereichen in das Netz der zweiten Struktur eingibt und möchte,
dass diese Informationen in den darin allgemein verfügbaren Kenntnisstand einfließen, zur Bedingung zu machen, seine Urheberschaft allen
Nutzern offenzulegen. Darüber hinaus könnte jeder dies freiwillig tun.

Zugang zu mehr Kompetenz für Millionen Staatszugehörige, von ihrer persönlichen Befindlichkeit aus öffentliche Sicherheit stützen zu können

Dass Menschen ihr jeweiliges Dasein subjektiv hinreichend erträglich finden, um beständig neben- und miteinander existieren zu können, hängt
unter anderem maßgeblich vom Grad der Gewährleistung öffentlicher
Sicherheit ab. Nur relativ wenige Menschen profitieren von öffentlicher
Unsicherheit und dies auch nie in allen Daseinsbezügen gleichzeitig und
ihr ganzes Leben lang. Je stärker Zugehörige eines Staates von Geschehnissen jenseits der Landesgrenzen beeinflusst werden, umso wichtiger
wird für diese Menschen auch hinreichende öffentliche Sicherheit im
Ausland. Je größer weltweit die Einflüsse von Menschen aufeinander und
ihre Interdependenzen untereinander werden, umso bedeutsamer wird
die Gewährleistung öffentlicher Sicherheit für immer mehr Menschen,
gleich wo auf der Erde sie sich gerade befinden. Deshalb zählt öffentliche

Sicherheit und alles, was dazu beiträgt, zu den Anliegen, in denen weltweit besonders viele Menschen übereinstimmen.

Öffentliche Sicherheit muss zwar zu einem erheblichen Teil von zentralen Stellen aus in den einzelnen Staaten organisiert und durchgesetzt werden. Doch je komplexer Daseinsbedingungen werden, umso weniger davon begreifen die zentral entscheidenden Personen in ihren Köpfen. Tendenziell umso eher neigen diese dazu, in ihren Handlungen immer weniger Menschen zu begünstigen beziehungsweise Anliegen eines immer größeren Teils der Bevölkerung zu vernachlässigen. Tendenziell umso eher beschränken sich die zentral entscheidenden Personen darauf zu versuchen, die vernachlässigten Staatszugehörigen durch Polizei und Geheimdienste sowie durch Einflussnahme auf Gesetzgebung und Justiz unter Kontrolle zu halten. Tendenziell umso eher entsteht unter Staatszugehörigen in ihren individuellen Befindlichkeiten der Eindruck, zwischen öffentlicher Sicherheit und ihrer persönlichen Freiheit bestehe ein Gegensatz. Tendenziell umso eher rebellieren Menschen, die meinen, unter den gegebenen Verhältnissen ihre Anliegen zu wenig zur Geltung bringen zu können, gegen Maßnahmen zentral entscheidender Personen, durch die sie sich in ihrem Handeln mehr eingeschränkt als sicherer fühlen. Je mehr sich die Unzufriedenen den Maßnahmen widersetzen, tendenziell umso eher verfehlen diese die von ihren Urhebern gewünschte Wirkung. Deshalb gehört zur nachhaltigen Gewährleistung öffentlicher Sicherheit ein subjektiv empfunden einigermaßen zufriedenstellendes und mit anderen Menschen verträgliches Gestaltenkönnen des individuellen Daseins – wenn nicht für alle Menschen, dann für die größtmögliche Zahl von ihnen. Dies wiederum setzt voraus, dass möglichst vielen einzelnen Menschen individuelle Grundrechte gewährt und von jedem Einzelnen auch in Anspruch genommen werden können.

Die meiste Zeit des Lebens weiß niemand besser als jeder Einzelne, wie er sich befindet und was seine Anliegen sind. Deren Verwirklichung muss jeder mit seinem eigenen und dem Bedürfnis aller anderen Menschen nach öffentlicher Sicherheit kompatibel machen. Dies setzt die Fähigkeit jedes seiner Sinne Mächtigen voraus, auf möglichst kurzen Wegen ermitteln zu können, was an öffentlicher Sicherheit er braucht, um so frei wie in Gesellschaft gleichberechtigter anderer Menschen möglich seine ihm daseinswichtig erscheinenden Anliegen verwirklichen zu können. Dazu könnten Recherchen im digitalen Netz zweiter Struktur dienlich sein.

Auf je vielfältigere und weitläufigere Weisen Staatszugehörige jeweils auf andere Menschen angewiesen sind, umso mehr stimmen sie darin überein, dass sie sich nur behaupten können, wenn ihnen zugleich in individuell hinreichendem Umfang öffentliche Sicherheit gewährt wird. Recherchierte ein Staatszugehöriger im Netz zweiter Struktur danach, was an öffentlicher Sicherheit er benötigt, um die größtmögliche Freiheit zur Verwirklichung seiner persönlichen Anliegen zu haben, würde er zu einem Teil die gleichen Hinweise wie die anderen empfangen, ohne dass sie sich diesbezüglich untereinander verständigen müssten. Je mehr Staatszugehörige so recherchierten und die sich daraus ergebenden Hinweise zur Gewährleistung öffentlicher Sicherheit in ihren Köpfen als in ihrer individuellen Befindlichkeit akzeptabel oder angemessen bewerteten, tendenziell umso mehr würde sich ein entstandener Eindruck vom Gegensatz zwischen öffentlicher Sicherheit und individueller Freiheit auflösen.

Angenommen, ein Staatszugehöriger erkennt bei seinen Recherchen im Netz zweiter Struktur eine Lücke zwischen zentral geführten Maßnahmen zur öffentlichen Sicherheit und der zur Verwirklichung seiner Anliegen erforderlichen öffentlichen Sicherheit – entweder zu wenig öffentliche Sicherheit oder zu viel davon, was die Verwirklichung seiner Anliegen behindert. Außerdem teilt das Netz ihm mit, dass es eine Möglichkeit gäbe, diese Lücke vereinbar mit der Gewährleistung individueller Freiheit und öffentlicher Sicherheit für die anderen Staatszugehörigen zu verringern oder zu schließen. Je nachdem, was ihm vorgeschlagen würde, könnte er dies selbst tun oder eine zentrale Stelle im Staat wäre dazu in der Lage, deren Adresse das Netz ihm vermitteln würde. Dann könnte er die zentrale Stelle zur Prüfung von Optionen auffordern, die Lücke zu vermindern oder zu schließen. Die dort tätigen Personen würden über seinen Antrag befinden. Je weniger voraussichtlich die verlangte Maßnahme individuelle Freiheiten und die öffentliche Sicherheit der anderen Staatszugehörigen beeinträchtigt, je mehr die Maßnahme auch deren individuelle Freiheiten erweitern würde, je mehr andere Staatszugehörige das Gleiche von der zentralen Stelle verlangen, umso weniger Grund hätten die zuständigen zentral entscheidenden Personen, die betreffende Maßnahme zu verweigern. Beschränkt auf den Zugang zu digitalen Netzen der ersten Struktur wären die vielen einzelnen Staatszugehörigen mit dieser anspruchsvollen Aufgabe überfordert.

Öffentliche Sicherheit gibt es nicht ohne rechtliche Sicherheit. Aber nicht jede rechtliche Sicherheit kommt der öffentlichen Sicherheit zugute. Wenn Gesetze rechtliche Sicherheit für die Partikularinteressen eines relativ kleinen Personenkreises herstellen, erhöht sich nicht automatisch auch die öffentliche Sicherheit. Bringt die Anwendung bestimmter Gesetze Menschen in existenzielle Not, nehmen sie während ihres Kampfes ums Überleben möglicherweise einen Schaden für die öffentliche Sicherheit in Kauf. Je ausgeprägter hingegen individuelle Grundrechte für alle Zugehörigen des betreffenden Territoriums in die rechtliche Sicherheit einbezogen sind und von den vielen Einzelnen in Anspruch genommen werden, tendenziell umso mehr trägt rechtliche Sicherheit zur öffentlichen Sicherheit bei. Wer ein digitales Netz zweiter Struktur nutzen würde, hätte es tendenziell leichter zu ermitteln, ob seine persönliche Sicherheit durch bestimmte Gesetze gefährdet ist. Würde er Hinweise auf diesbezügliche Gefahren empfangen, könnte er nach Möglichkeiten eines besseren Schutzes davor recherchieren und gegebenenfalls daraus Folgerungen für sein Verhalten ziehen.

Zugang zu Informationen von Medien und individuelleres Sich-Informieren

Je elementarer zum Aufrechterhalten menschlicher Existenz Befriedigungen von Bedürfnissen sind, wozu bestimmte Informationen Maßgebliches aussagen, tendenziell umso eher stimmen Menschen darin überein, dass die Informationen wichtig sind. So stufen alle Menschen, die am Leben bleiben möchten, Informationen über ihren Zugang zu Atemluft und Trinkwasser als bedeutsam ein, wenn sie ohne Beachtung dieser Informationen zugrunde gehen würden. Hingegen je weniger bedeutsam bestimmte Informationen für die Erfüllung existenzieller Grundbedürfnisse aller Menschen sind, tendenziell umso eher bewerten sie in ihren individuellen Befindlichkeiten unterschiedlich, welche Informationen sie für wichtig, welche für weniger relevant und welche sie für vernachlässigbar halten.

Auch Journalisten, die darüber entscheiden, welche Informationen sie mittels bestimmter Medien ihren Kunden mitteilen, verhalten sich im Prinzip so. Nicht über alles Vorgefallene können Medienmacher berichten. So wählen sie auf der Grundlage persönlicher Erfahrungen, theoretischer Kenntnisse und spezieller Vorlieben aus, welche Nachrichten sie ihren Kunden übermitteln und was davon sie kommentieren möchten.

Mitbeeinflusst sein können ihre Entscheidungen darüber, welche Nachrichten sie ihren Empfängern mitteilen und wie sie diese in Kommentaren interpretieren, von der besonderen geistigen Ausrichtung ihres Mediums. Medienmacher können bestimmte Meldungen und Deutungen von Vorkommnissen verbreiten, weil sie dafür von irgendwem mit persönlichen Vorteilen belohnt werden. Sie können aus Furcht vor persönlichen Nachteilen so berichten und kommentieren, dass die Interessen besonders einflussreicher Personen und Gruppen – insbesondere von Unternehmen der Wirtschaft, Investoren, Verbänden und Politikern – gewahrt werden. Medienmacher können die Auswahl ihrer Botschaften und deren Präsentation an vorderer oder hinterer Stelle so treffen, wie sie glauben, unter Bedingungen der Informationsflut die Neugier möglichst vieler Menschen zu erhaschen, unabhängig davon, was den einzelnen Anzusprechenden wichtig wäre.

Je weniger zentralregierende Politiker komplexe Daseinsbedingungen in dem zur erfolgreichen Erfüllung ihrer Aufgaben erforderlichen Maße im eigenen Kopf begreifen und je schwerwiegender im Sinne der Zielvorgaben die Fehler sind, die ihnen infolgedessen unterlaufen, tendenziell umso größer ist die Versuchung für sie, diesbezügliche Informationen vor der Öffentlichkeit zu vertuschen und damit auch Journalisten eine sachgerechte Berichterstattung in Medien zu erschweren. Möchten zentralregierende Politiker aus eigener Überzeugung oder getrieben von einer Interessengruppe etwas durchsetzen, dann ist die Versuchung für die betreffenden Politiker umso größer, bei Gelegenheit Medien dahingehend zu beeinflussen, gar nicht oder irreführend über das Vorhaben zu berichten, je mehr dieses den Anliegen der meisten Staatszugehörigen widerspricht und je mehr die Politiker befürchten, bei öffentlichem Bekanntwerden das Vorhaben abbrechen zu müssen.

Je häufiger Konsumenten von in Medien verbreiteten Nachrichten und Kommentaren den Eindruck gewinnen, dass ihnen für sie wichtige Informationen vorenthalten oder irreführend dargestellt werden, tendenziell umso weniger Vertrauen haben die Konsumenten in die Berichterstattung und Kommentierung über angeblich oder tatsächlich stattgefundene oder sich entwickelnde Ereignisse in Medien. Je häufiger Konsumenten rückblickend erkennen, dass sie auf Basis falscher oder unzulänglicher Meldungen und Kommentare in Medien bestimmte Entscheidungen getroffen haben, je größer die den Konsumenten daraus entstandenen

Schäden sind, tendenziell umso größer wird ihr Wunsch, sich unabhängig von Medien informieren und ihr eigenes Urteil bilden zu können.

Wer für seine Recherchen zur Vorbereitung bestimmter Entscheidungen über digitale Netze der ersten Struktur verfügt, kann auf alle frei zugänglichen Informationen darin genauso wie ein Journalist zugreifen. Er kann seinen Interessen folgend ein Suchwort oder eine Kombination aus mehreren Suchworten in das Netz eingeben und bekommt daraufhin eine Liste mit Hinweisen auf Berichte und Kommentare, in denen sein Suchwort oder mehrere seiner Suchworte vorkommen. Aus der Liste wählt er eventuell einen oder mehrere Artikel aus und befasst sich näher damit. Ist sein Bedürfnis nach Informationen noch nicht gestillt, sucht er in der Liste nach weiteren Artikeln, die für ihn wertvoller sein könnten. Erscheint ihm das Ergebnis unbefriedigend, fragt er womöglich mit einem anderen Suchwort oder anders kombinierten Suchworten im Netz nach einer neuen Liste. Auch kann er Dienstleistungen anderer Personen in Anspruch nehmen, die ihm eine Vorauswahl von Artikeln, die für ihn relevant im Sinne seiner Anliegen sein könnten, zusammenstellen. Können sich Informationen, die eventuell für den Recherchierenden bedeutsam sind, in verschiedenen Netzen der ersten Struktur befinden, dann muss der Recherchierende, der sich keine ihm wichtigen Informationen entgehen lassen will, sicherheitshalber in allen diesen Netzen suchen.

Stünde dem sich Informierenden zusätzlich das digitale Netz zweiter Struktur zur Verfügung, könnte er darin auf tendenziell kürzeren Recherchewegen als in Netzen der ersten Struktur die mutmaßlich für ihn persönlich relevanten Informationen beziehungsweise die Art seines persönlichen Berührtseins von bestimmten Geschehnissen, über die berichtet wird, damit verbundene Risiken und Chancen für seine individuellen Anliegen ermitteln. Er würde in dem Netz der zweiten Struktur nach Übereinstimmungen zwischen Merkmalen seiner Person mit besonderen Begriffen suchen. Je nachdem, ob er daraufhin zu wenige ihm wichtig oder zu viele belanglos erscheinende Antworten empfinge, würde er im Netz Merkmalen seiner Person gegenübergestellte Begriffe korrigieren, um im Rahmen des digital allgemein verfügbaren Kenntnisstandes die nach seiner Auffassung wertvolleren Antworten zu bekommen. Da es nur ein Netz zweiter Struktur gäbe, das – technisch störungsfreien Betrieb vorausgesetzt – auch zeitgleich oder mit geringen Verzögerungen hinsichtlich des Eingangs neuer Informationen alle Informationen aus Netzen der ersten Struktur beinhalten würde, bräuchte er meist nur in dem einen Netz zweiter Struktur zu recherchieren.

Jeder Nutzer des Netzes zweiter Struktur könnte selbst Informationen über bestimmte Geschehnisse in das Netz stellen. Gegebenenfalls würde die Zuverlässigkeit der betreffenden Informationen soweit im Netz überprüft, wie diese mit anderen darin vorhandenen Inhalten abgeglichen werden. Je mehr und je deutlicher das Netz nutzende Menschen von einem bestimmten Geschehen in ihrem Dasein berührt wären, tendenziell umso eher gäben einige von ihnen Informationen darüber in das Netz ein. Tendenziell umso unwahrscheinlicher würde es Personen und Gruppen gelingen, aus besonderen Eigeninteressen Informationen, die für andere Nutzer des Netzes wichtig sind, davon fernzuhalten. Je länger bestimmte Informationen in dem Netz sein würden, tendenziell umso mehr Verbindungen zwischen diesen und anderen Informationen darin entstünden und tendenziell umso unmöglicher wäre es für Personen und Gruppen, denen die Informationen missfallen, diese aus dem Netz zu entfernen.

Regieren eines Staates
bei begrenzter geistiger Kapazität der einzelnen Zugehörigen

Kein Mensch kann für beliebig vieles gleichzeitig aufmerksam sein. Jeder muss unter zahlreichen Informationen, die auf ihn zukommen, auswählen, welche er bewusst registriert und welche er vernachlässigt. Wiederum nur einen Teil der Informationen, die ein Mensch registriert, kann er etwas genauer in Zusammenhängen begreifen. Das bedeutet auch: Naturbedingt sind einzelne Personen und kleine Gruppen in vielen Situationen mit der Aufgabe überfordert, von zentraler Stelle in die Daseinsgestaltungen von Millionen Staatszugehörigen auf eine Weise einzugreifen, dass sich bestimmte Dinge in einer gewünschten Richtung verändern, zugleich in anderen Hinsichten unbeabsichtigte Beeinträchtigungen von den Menschen ferngehalten werden und dies alles zusammen überwiegend zum Prosperieren des gemeinsamen Staates beiträgt.

Personen mit zum Teil sehr unterschiedlichen Fähigkeiten, Erfahrungen, theoretischen Kenntnissen, persönlichen Interessen und Prioritäten hinsichtlich der Gestaltung bestimmter Bereiche und Aspekte eines Gemeinwesens und Staates werden Politiker als Abgeordnete in einem Parlament oder in Regierungsverantwortung. Doch eines ist ihnen allen gemeinsam: Die ihnen von der Natur verliehene geistige Kapazität ist darauf angelegt, Entscheidungen zu treffen, die ihren jeweiligen persönlichen Anliegen, gegebenenfalls ihrer Familie und vielleicht darüber hinaus noch einem von ihnen überschaubaren Personenkreis dienen. Politiker können auch punktuell für Millionen Menschen eine Aufgabe angehen und mit dem Berücksichtigen größerer relevanter Zusammenhänge und Nebenwirkungen ihrer Entscheidungen sowie anderer Anliegen der unmittelbar betroffenen und weiterer Menschen da aufhören, wo ihre geistigen Kapazitäten oder ihre Bereitschaft zum genaueren Begreifen erschöpft sind. Treten Millionen Menschen Verhaltensoptionen an einen Politiker ab, dann können seine erweiterten Handlungsmöglichkeiten und immer wieder bisher persönlich nicht gekannte Herausforderungen ihn zwar womöglich eher dazu motivieren, sich in seinen kommunikativen Fähigkeiten, seinem analytischen Denken, dem Vorbereiten von Entscheidungen und anderem zu üben, als wenn er geringerem Erwartungsdruck ausgesetzt wäre, mit weniger Perspektiven einer monotoneren Beschäftigung nachgehen und über Geld und andere Mittel bestimmen würde, die für nicht viel mehr als zum persönlichen Überleben reichen. Aber die natürlichen Grenzen seiner geistigen Kapazität kann er genauso wenig aufheben wie ein Staatszugehöriger, der keine Millionen Menschen regiert. Von den persönlichen Befindlichkeiten und Anliegen der meisten Staatszugehörigen weiß er nur so viel, wie er Statistiken, Meinungsumfragen sowie Berichten und Kommentaren in Medien entnimmt. Bloß zu einigen wenigen Staatszugehörigen hat er mehr als oberflächlichen persönlichen Kontakt. Es ist das Naheliegendste für ihn, mit Personen, denen er vertraut, mit denen er sich gut versteht, bevorzugt zusammen zu sein. Legt er sich dabei keine besonderen Zügel an, ergibt es sich schon beinahe von alleine, dass er aufmerksamer und eventuell auch wohlwollender prüft, ob er sich für Anliegen aus dem ihm vertrauten Personenkreis einsetzen möchte, als wenn es um die Belange ihm fernerer Personen und Gruppen geht, auf deren Gunst er weniger angewiesen zu sein glaubt. Zwar kann ein Politiker versuchen, ausgewogener mehr Staatszugehörige zu bedienen, indem er mal etwas für die eine Gruppe tut, ein andermal einer anderen Gruppe entgegenkommt und dann wieder einer anderen beisteht. Aber seine Aufmerksamkeit ist immer punktuell fokussiert. In das feine Gefüge des Nebeneinander- und Zusammen-Existierens greift er an einer Stelle ein. Je größer der Eingriff ist, tendenziell umso wahrscheinlicher ruft er an anderen Stellen bei anderen Personen und Gruppen vorher nicht bedachte Veränderungen hervor, die sich nicht nur zu deren Gunsten, sondern auch Nachteil auswirken können. Er vermag nicht gleichmäßig allen Staatszugehörigen und ihren individuellen Anliegen seine Aufmerksamkeit und seinen Einsatz auf angemessene Weise zu widmen. Dies schaffen auch einige tausend zentralregierende Politiker oder von Behörden aus zentral entscheidende Personen nicht hinreichend, indem sie ihre Zuständigkeiten nach Sachthemen, nach Regionen im Staat oder nach zu bedienenden Staatszugehörigen mit besonderen zusätzlichen Merkmalen untereinander aufteilen. Die Verwirklichung bestimmter politischer Projekte häufiger von der Zustimmung betroffener Staatszugehöriger abhängig zu machen, könnte zwar womöglich hie und da eine Kluft zwischen zentral entscheidenden Personen und Regierten verkleinern oder vermeiden helfen. Aber damit wäre das Problem des Überfordertseins der relativ wenigen zentral entscheidenden Personen nicht wirklich behoben. Dieses Regieren ist in jedem Fall – wenn auch in verschiedenen Bereichen der Politik graduell unterschiedlich ausgeprägt – unbefriedigend asymmetrisch.

In Verhandlungen zwischen zentral entscheidenden Personen über politisch zu regelnde Angelegenheiten stoßen oft konträre Positionen aufeinander. Dies kann in den einzelnen Verhandelnden Gefühle wecken, sich in einem ganz persönlichen Kampf zu befinden. Gegebenenfalls je mehr solche Gefühle das Geschehen bestimmen, tendenziell umso eher kann der Wunsch, sich egal wie gegen die Widersacher durchsetzen zu wollen, zum allerwichtigsten Verhandlungsmotiv werden. Fühlt sich ein Verhandelnder dann durch das Verhalten eines Kontrahenten persönlich provoziert, beschäftigt ihn dies möglicherweise so sehr, dass er nur noch eine Gelegenheit sucht, sich zu revanchieren und darüber die Interessen der Menschen, für die er sich eigentlich einsetzen sollte, vergisst. Wittert ein Verhandelnder die Chance auf einen persönlichen Vorteil, den er direkt oder indirekt mit einem bestimmten Verhandlungsergebnis für sich erlangen könnte, dann ist die Versuchung, den Vorteil selbst dann erzielen zu wollen, wenn dies Millionen Menschen, in deren Auftrag er verhandelt, überwiegend schadet, tendenziell umso größer, je begehrenswerter ihm der persönliche Vorteil erscheint. Je schwerer ihm persönlich bei solchem Verhalten ein Verstoß gegen geltendes Recht nachzuweisen ist, tendenziell umso weniger scheut er davor zurück. Eine je überschaubarer befristete Zeit in seiner politischen Funktion er vor sich sieht, tendenziell umso günstiger erscheinen ihm seine Aussichten, dass wenn irgendwann später eine zentral entscheidende Person mit Folgen des angerichteten Schadens konfrontiert werden sollte, dies nicht er selbst, sondern ein anderer sein wird.

Je weniger zentralregierende Personen noch im eigenen Kopf die Befindlichkeit des Staates in für bestimmte Vorhaben relevanten Aspekten begreifen und je weniger sie mit ihrem Verhalten gewünschte Erfolge generieren, tendenziell umso größer ist ihre Sorge, die Lage könnte ihrer Kontrolle entgleiten. Tendenziell umso eher argwöhnen sie, von Feinden, die sie nicht kennen, bedroht zu sein. Tendenziell umso eher denken sie sich ihre Gegner bedrohlicher, als diese tatsächlich sind und möchten vorsichtshalber lieber zu vielen als zu wenigen Staatszugehörigen lieber zu viele als zu wenige persönliche Freiheiten aberkennen. Je weniger Einfluss dann Legislative, Judikative, Medien und politische Opposition der Zentralregierung entgegensetzen, tendenziell umso weniger können die zentralregierenden Personen bei Gelegenheit der Versuchung widerstehen, das Verhalten der Staatszugehörigen durch Einschränkung ihrer individuellen Grundrechte kontrollierbarer zu machen. Tendenziell umso mehr Gefallen finden die zentralregierenden Personen an einer möglichst lückenlosen Überwachung aller Staatszugehörigen. Tendenziell umso eher neigen die zentralregierenden Personen dahin, bei vorhandener Möglichkeit oppositionelle Kräfte mundtot machen zu wollen. Tendenziell umso größer ist die Versuchung für zentralregierende Personen, sich eines Geheimdienstes zu bedienen, der all das zur Absicherung ihrer Macht im Verhältnis zur eigenen Bevölkerung erledigen soll, was nach Gesetzeslage illegal ist.

Angenommen, Staatszugehörige neigen überwiegend dahin, solche Einschränkungen hinzunehmen, wenn sie sich persönlich davon nicht allzu beschnitten fühlen oder wenn sie befürchten, dass es ohne diese Eingriffe der Regierung noch unangenehmer zugehen würde. Doch je kompromissloser, im Hinblick auf die Gewährleistung öffentlicher Sicherheit immer weniger für einzelne Staatszugehörige nachvollziehbar, die zentralregierenden Personen individuelle Rechte beschneiden, tendenziell umso eher stoßen Staatszugehörige in der Gestaltung ihres Daseins an Grenzen, deren Notwendigkeit sie anzweifeln. Tendenziell umso eher werden Staatszugehörige dazu bereit, sich der Gängelung zu widersetzen. So wachsen Spannungen und Probleme im Staat heran, die jedes für sich alleine in einem frühen Stadium bekämpft, vielleicht lösbar wären, sich aber akkumuliert einer schadenbegrenzenden Überwindung mehr und mehr entziehen. Je weiter sich das Verhalten der wenigen zentralregierenden Personen von dem wegentwickelt, was die übrigen Staatszugehörigen für ein einigermaßen gedeihliches Neben- und Miteinander-Existieren bräuchten, tendenziell umso unsicherer wird das öffentliche Leben verbunden mit der Gefahr, dass das System des Regierens zusammenbricht.

Wenn einige wenige Personen in allzu vielen Situationen damit überfordert sind, Millionen Staatszugehörige zu regieren, erhebt sich die Frage, ob man nicht besser ohne zentrale Regierung auskommen würde. Doch viele Aktivitäten im Staat bedürfen der Koordination von zentraler Stelle. Existenziell wichtige Funktionen, die man den wenigen zentral entscheidenden Personen entzieht, müssen auf andere Weisen erfüllt werden. Sonst fällt der Staat in sich zusammen. Will man das nicht, dann muss man dafür sorgen, dass die Fähigkeiten der Millionen Staatszugehörigen in einer Weise zum Mitregieren herangezogen werden, dass für die wenigen zentral entscheidenden Personen möglichst nur noch Aufgaben übrig bleiben, die diese auch so meistern können, dass dabei die Erwartungen der Staatszugehörigen an die öffentlichen Leistungen weitestmöglich zufriedenstellend erfüllt werden.

Ein Mensch ist mit seiner geistigen Kapazität am ehesten dazu fähig, für Gegebenheiten aufmerksam zu sein, die seine Existenz im engen Sinne berühren. Bei der Suche nach einer Erweiterung der Fähigkeiten jedes einzelnen, seiner Sinne mächtigen Staatszugehörigen, Bedeutungen größerer gesellschaftlicher und anderer Zusammenhänge für die eigene Existenz zu identifizieren sowie Möglichkeiten zu erkennen, im Sinne persönlicher Anliegen in solche Zusammenhänge einzugreifen, muss ansetzen, wer die Kompetenz von Menschen, einen Staat in gedeihlicher Weise zu regieren, deutlich erhöhen möchte.

Zugang zu größerer Kompetenz im Umgang mit komplexen Daseinsbedingungen für Millionen Staatszugehörige, um zentral entscheidende Personen von Aufgaben entlasten zu können

Was können einige Millionen neben- und miteinander existierende Menschen, die in ihrem Staat zentral entscheidende Personen von der Erfüllung existenziell wichtiger Aufgaben entlasten wollen, selbstverantwortet leisten? Je komplexer die Bedingungen sind, unter denen sich die vielen einzelnen Staatszugehörigen verhalten, tendenziell umso mehr hängt der an den Absichten gemessene Erfolg der selbstverantwortet handelnden Menschen von ihrer jeweiligen Kompetenz ab, im eigenen Kopf ihre jeweilige Situation in dem für ihre Vorhaben relevanten Umfang begreifen zu können. Ganz gleich, ob sie aus persönlicher Verbundenheit oder getrieben von einem persönlichen Bedürfnis nach sozialer Hingabe handeln, ob sie einsame Entscheidungen treffen oder als kleine Gruppe ihr Verhalten untereinander abstimmen, ob sie bestimmte Angelegenheiten auf Märkten aushandeln: In jedem Fall kann ihnen die Anwendung des *Provisoriums* dazu dienen, den Anforderungen, die sie an sich stellen, möglichst nahe zu kommen.

Je mehr Schritte der einzelne Mensch zu seinem Ziel hin tun muss, je weniger er dazu ein bereits erprobtes Gleis nutzen kann und als je unübersichtlicher er die zu berücksichtigenden Bedingungen um sich herum wahrnimmt, tendenziell umso eher weicht das Ergebnis seiner Entscheidungen von dem ab, was er sich vorgenommen hat. Je vielfältiger die Interdependenzen zwischen Menschen sind und je größer deren Zahl ist, tendenziell umso eher hat ein Schaden, den einer von ihnen mit seinem Verhalten verursacht, eine gesellschaftliche Relevanz. Erleidet ein Mensch durch sein Verhalten beispielsweise einen für ihn empfindlichen Vermögensverlust, dann sind seine weiteren Möglichkeiten zu handeln reduziert. Dann können andere nicht mehr so viel mit ihm anfangen. Im Extremfall ist er nicht mehr dazu in der Lage, alleine für seinen Lebensunterhalt aufzukommen, und andere müssen ihn unterstützen, damit er nicht zugrunde geht. Eventuell rettet ihn eine Institution des Staates, die selbst nur über Geld verfügt, das zuvor Steuerpflichtigen weggenommen wurde. Ist ein Mensch als Folge seines Verhaltens vorübergehend oder lebenslang gesundheitlich beeinträchtigt, kann deshalb seinen früheren Beruf nicht mehr ausüben, dann zieht dies möglicherweise Folgen nach sich, die der volkswirtschaftlichen Gesamtleistung abträglich sind, auch wenn diese Effekte im Einzelfall gering erscheinen. Entsprechende Folgen sind auch möglich, wenn ein Mensch andere Personen schädigt.

Der Grad der Kompetenz, über die ein Staatszugehöriger verfügt, mit komplexen Daseinsbedingungen umzugehen, und die in seine Entscheidungen für bestimmtes Verhalten einfließt, bestimmt die Entwicklung des Staates mit, auch wenn bloß der Saldo der Einflüsse aller teilnehmenden Menschen auf den Staat offensichtlich wird. Je komplexer die Daseinsbedingungen, je geringer die Kompetenz eines Staatszugehörigen, damit umzugehen und je folgenträchtiger seine Entscheidungen sind, tendenziell umso größeren unbeabsichtigten gesellschaftlichen Schaden kann der Betreffende mit seinem Verhalten anrichten. Umgekehrt: Je größer die Kompetenz eines Staatszugehörigen, der seine Verhaltenspotenziale per saldo zumindest nicht reduzieren möchte, im Umgang mit komplexen Daseinsbedingungen ist, tendenziell umso eher vermeidet er unbeabsichtigten, den eigenen Interessen zuwider laufenden Schaden.

Tendenziell umso bessere Chancen hat er, seine Verhaltenspotenziale aufrechtzuerhalten oder zu erweitern. Tendenziell umso mehr Perspektiven hat er, etwas mit anderen Staatszugehörigen anfangen zu können. Je mehr Menschen mitwirken, die ebenfalls ihre jeweiligen Verhaltenspotenziale zumindest per saldo nicht beeinträchtigen möchten, über je mehr Kompetenz im Umgang mit komplexen Daseinsbedingungen sie addiert verfügen, tendenziell umso eher tragen sie gemeinsam zum Prosperieren des Staates bei.

Um dies zu erreichen, können Staatszugehörige, die das *Provisorium* nutzen, es für sinnvoll halten, sich untereinander abzustimmen und bewusst koordiniert vorzugehen. Aber das ist nicht immer unbedingte Voraussetzung für ihren Erfolg. Denn all denen unter ihnen, die mit mehr als kurzfristiger Perspektive noch etwas aus ihrem Leben machen möchten, ist der Wunsch gemeinsam, die Grundlagen wie auch bestimmte Rahmenbedingungen, die für alle gelten und die ihnen erfolgreiches Verhalten im Sinne ihrer jeweiligen Vorhaben erst ermöglichen, pflegen und nicht zerstören zu wollen. Recherchieren sie unabhängig voneinander im digitalen Informationsnetz der zweiten Struktur danach, worauf sie zu achten haben, um sich möglichst umsichtig egoistisch zu verhalten, dann empfängt jeder von ihnen neben individuellen Antworten auch genau dieselben Hinweise wie alle anderen darüber, was zu tun ist, um die Grundlagen, auf die er wie alle anderen angewiesen ist, nicht oder so wenig wie möglich zu beschädigen. Soweit die betreffenden Personen diesen Hinweisen folgen, verhalten sie sich bereits gleichgerichtet, ohne dass sie sich dazu untereinander verabreden müssten.

Gewiss steht es Staatszugehörigen frei, bei Gelegenheit mit ihrem Verhalten sich und/oder anderen absichtlich oder fahrlässig einen Schaden zuzufügen, der Existenzgrundlagen einiger, der meisten oder aller Staatszugehörigen tendenziell beeinträchtigt oder zerstört, der dem gemeinsamen Staat und vielleicht noch mehr Menschen jenseits der Staatsgrenzen abträglich ist. Aber es ist zu vermuten, dass unter Staatszugehörigen, die sich und/oder anderen einen unbeabsichtigten Schaden verursachen sowie hinterher meinen, dass sie diesen bei vorherigem Bedenken lieber vermieden hätten, einige sind, die ein Angebot zum Erwerb einer größeren Kompetenz im Umgang mit komplexen Daseinsbedingungen und der damit verbundenen größeren Chance, mit ihrem Verhalten unerwünschte Nebenfolgen zu vermeiden, gerne annehmen und von da an die zusätzlichen Einsichten beim Vorbereiten ihrer Entscheidungen für bestimmtes Verhalten zu berücksichtigen versuchen. Diese Menschen würden in der Definition ihrer Ziele und der Wahl ihrer Schritte dahin tendenziell umsichtiger vorgehen als diejenigen, die kurzgedacht relevante Bedingungen in ihrem Verhalten ignorieren. Ihre größere Umsicht böte ihnen die relativ besseren Erfolgsaussichten, ihre Absichten zu verwirklichen.

Je erfolgreicher die Einsichtigeren dabei wären, tendenziell umso mehr trügen sie – soweit ihr Verhalten auch gesellschaftlich relevant ist – zum Prosperieren des Staates bei. Wie groß dieser Beitrag tatsächlich ist, weiß man allerdings erst genauer, wenn Tausenden oder Millionen Menschen die größere Kompetenz zugänglich ist, wenn man sieht, wie weitgehend sie in ihrem jeweiligen Verhalten von der größeren Kompetenz Gebrauch machen und was genau sie damit bewirken. Je mehr Menschen einander über Staatsgrenzen hinweg international und weltweit beeinflussen und voneinander abhängig werden, tendenziell umso weitgehender stimmen Menschen in ihrem Angewiesensein auf den Schutz und die Pflege bestimmter existenzieller Grundlagen überein. Tendenziell umso häufiger würden verschiedene Menschen, die eine Zukunft für sich haben möchten und im digitalen Netz der zweiten Struktur recherchieren, welche Grundlagen ihres Daseins sie aus Eigeninteresse nicht beschädigen dürfen, die gleichen Antworten empfangen. Tendenziell umso eher verhielten sich alle diese Menschen gleichgerichtet im Sinne des Schutzes und der Pflege derselben existenziellen Grundbedingungen, auf die sie für ihre jeweiligen Daseinsgestaltungen angewiesen sind.

Dem liegt ein Phänomen zugrunde, das man in Anlehnung unter anderem an die folgende, im Jahr 1776 publizierte Äußerung von Adam Smith gelegentlich als die Wirkung der *Unsichtbaren Hand* bezeichnet hat:

»Wenn ... jeder einzelne soviel wie nur möglich danach trachtet, sein Kapital zur Unterstützung der einheimischen Erwerbstätigkeit einzusetzen und dadurch diese so lenkt, daß ihr Ertrag den höchsten Wertzuwachs erwarten läßt, dann bemüht sich auch jeder einzelne ganz zwangsläufig, daß das Volkseinkommen im Jahr so groß wie möglich werden wird. Tatsächlich fördert er in der Regel nicht bewußt das Allgemeinwohl, noch weiß er, wie hoch der eigene Beitrag ist. Wenn er es vorzieht, die nationale Wirtschaft anstatt die ausländische zu unterstützen, denkt er eigentlich nur an die eigene Sicherheit und wenn er dadurch die Erwerbstätigkeit so fördert, daß ihr Ertrag den höchsten Wert erzielen kann, strebt er lediglich nach eigenem Gewinn. Und er wird in

diesem wie auch in vielen anderen Fällen von einer unsichtbaren Hand gelei-
tet, um einen Zweck zu fördern, den zu erfüllen er in keiner Weise beabsich-
tigt hat. Auch für das Land selbst ist es keineswegs immer das schlechteste,
daß der einzelne ein solches Ziel nicht bewußt anstrebt, ja, gerade dadurch,
daß er das eigene Interesse verfolgt, fördert er häufig das der Gesellschaft
nachhaltiger, als wenn er wirklich beabsichtigt, es zu tun. Alle, die jemals
vorgaben, ihre Geschäfte dienten dem Wohl der Allgemeinheit, haben meines
Wissens niemals etwas Gutes getan.« (5)

Dies ist eine tendenzielle Wirkung, die unter bestimmten Bedingungen
dominant ist, unter anderen Bedingungen rezessiv bleibt. Ob sie rezessiv bleibt oder sich durchsetzt, hängt unter anderem mitentscheidend
davon ab, inwieweit **alle** zum Gesamtergebnis beitragenden Personen
über genug Kompetenz verfügen, die Komplexität der Lage, in der sie
sich jeweils verhalten, im Hinblick auf ihre persönlichen Anliegen im
eigenen Kopf zu erfassen. Je komplexer Daseinsbedingungen von Menschen geworden sind und je mehr ihre individuelle Kompetenz, damit
umzugehen, ins Hintertreffen geriet, tendenziell umso schwächer wurde
der Effekt und umso lauter wurden die Zweifel daran, ob es den Effekt
überhaupt gibt. Je mehr Verhalten im Staat zentral entschieden, durch
Befehl und Gehorsam durchgesetzt wird, je unzulänglicher dabei die
unterschiedlichen Befindlichkeiten und Anliegen der vielen davon be-
rührten Menschen mitberücksichtigt werden, tendenziell umso geringer
ist der Effekt der *Unsichtbaren Hand.* Doch je mehr Menschen durch die
Nutzung des digitalen Netzes zweiter Struktur ihre jeweilige Kompetenz
der anspruchsvoller gewordenen Komplexität ihrer Daseinsbedingungen
anzupassen verstünden, tendenziell umso deutlicher dürfte sich der Effekt erneut bestätigen. Gegebenenfalls würde sich bei eingehenderer Betrachtung zeigen, dass der Zusammenhang zwischen der Kompetenz der
einzelnen Menschen, von ihren individuellen Befindlichkeiten aus mit
komplexen Daseinsbedingungen umzugehen, dem Grad ihres Erfolges,
beim Verwirklichen ihrer jeweiligen persönlichen Anliegen ungewollte
schädliche Nebenfolgen zu vermeiden und primär unbeabsichtigten, einer gedeihlichen Entwicklung ihres Gemeinwesens dienenden Effekten
gar nicht so intransparent, sondern zumindest teilweise mit menschlichem Verstand nachvollziehbar ist.

Zielführung politischer Entscheidungen
weniger abhängig von persönlichem Expertenrat

*»Nun kommen wir aus Jahren, in denen man ... nicht immer den Eindruck
hatte, dass die Wirtschaftswissenschaften schon alles wissen, was auf uns zukommt. Man kann jetzt natürlich fragen, woran es gelegen hat, dass manches,
was wir in unseren Statistiken und Prognosen angenommen haben – nicht nur
wir als Politiker, sondern auch in hoch sachverständigen Organisationen –, so
schwer neben der Realität lag, die sich dann eingestellt hat. Da gibt es ja verschiedene Möglichkeiten. Wahrscheinlich haben alle einen Anteil daran.*

*Das eine ist, dass die zugrunde gelegten Theorien nicht ausreichend waren,
insbesondere dass man Umschläge von Quantitäten in völlig neue Qualitäten
nicht richtig vorausgesagt hat. Man kann aber auch sagen: Es hat immer wieder Stimmen in der Wissenschaft gegeben, die nahezu alles, was eingetreten
ist, vorausgesagt haben. Man könnte also auch sagen: Wir haben nicht richtig
hingehört. Oder man könnte sagen: Wir haben auf die Falschen gehört. Auf jeden Fall hatte man nicht den Eindruck, dass die Mehrheit die Prognosen richtig
gemacht hat.*

*Es ergibt sich für Politiker auch Spielraum. Man kann sich unter verschiede-
nen wissenschaftlichen Meinungen immer die aussuchen, die einem am wahr-
scheinlichsten erscheint.«*

Angela Merkel (6)

Was Angela Merkel an der Politikberatung durch Wirtschaftswissenschaftler kritisiert, wird immer zu bemängeln sein, solange die Berater
hinsichtlich der Analyse ökonomischer Befindlichkeiten als argumentati-
ve Grundlage auf disziplinärwissenschaftliche beziehungsweise interdisziplinäre Herangehensweisen und sich allein daraus ergebende Verhaltensempfehlungen beschränkt bleiben werden. Denn die Volkswirtschaft
eines jeden Staates, in dem Politiker und Funktionäre in Behörden zentral Entscheidungen für bestimmtes Verhalten treffen, das mehr oder weniger, direkt oder indirekt alle Staatszugehörigen tangiert, ist Teil eines
komplexen, offenen Systems – dies allein schon aufgrund der vielen
naturbedingten, ökonomisch relevanten Unwägbarkeiten, denen jeder
Staat ausgesetzt ist. Das bedeutet: Zentral entscheidende Personen müs-

sen auch vieles jenseits der disziplinären Rahmen von Wirtschaftswissenschaftlern mitberücksichtigen. Je komplexer die Daseinsbedingungen sind, umso ausgeschlossener gelingt es regierenden Politikern, hinsichtlich aller außerhalb der Wirtschaftswissenschaften gelegenen und ihre persönliche Kompetenz überschreitenden Aspekte einer Entscheidung Experten der jeweils zuständigen wissenschaftlichen Disziplin zurate zu ziehen und dazu noch nicht »die Falschen«, sondern solche, die sich in dem speziellen Gegenstand am besten auskennen. Selbst wenn eine so umfassende wissenschaftsbasierte Vorbereitung einer politischen Entscheidung technisch möglich wäre, würde vermutlich in vielen Belangen der Zeitaufwand dafür als zu hoch erscheinen.

Anders verhielte es sich, wenn man im digitalen Netz der zweiten Struktur recherchierte. Dieses würde permanent auf den neuesten Stand der allgemein verfügbaren maschinenlesbaren Kenntnisse gebracht. Beiträge von Wissenschaftlern aller Disziplinen, von wissenschaftsbasiert anwendungstechnischen Experten und von Laien würden in das Netz einfließen. Anders als in digitalen Netzen der ersten Struktur würden keine Informationen ausgenommen, die zu dem besonderen Gegenstand sachdienliche Hinweise geben könnten.

Je mehr verschiedene sachrelevante Informationen bereits in dem digitalen Netz vorhanden wären, tendenziell umso unwahrscheinlicher würde ein recherchierender Politiker vor die Wahl gestellt, ob er sich die auf selektierten Informationen beruhende Meinung des einen Experten oder die auf selektierten Informationen basierende widersprechende Meinung eines anderen Experten zu eigen machen möchte. Denn tendenziell umso eher wären unter den zusätzlichen Informationen solche, die den Widerspruch auflösen. Während ein zentralregierender Politiker, der sich hinsichtlich seiner Recherchen in digitalen Netzen allein auf disziplinärwissenschaftlich aufbereitete Informationen stützen kann, auf eine wirtschaftswissenschaftlich relevante Frage eventuell mehrere Antworten verschiedener wirtschaftswissenschaftlicher Experten bekommt, die sich gegenseitig widersprechen können, und daraus die ihm vertrauenerweckendste, plausibelste oder irgendwie sonst attraktivste Verhaltensempfehlung auswählt und befolgt oder sich keine dieser Empfehlungen zu eigen macht, würde ein zentralregierender Politiker, der das digitale Netz zweiter Struktur nutzt, zwar auch Hinweise auf relevante wirtschaftswissenschaftliche Überlegungen empfangen, aber darüber hinaus noch Informationen, die zwar nicht alles, aber immerhin alles beim aktuell allgemein verfügbaren Kenntnisstand digital Lesbare einbeziehen, was beispielsweise eine deutsche Bundeskanzlerin in ihrer politischen Meinungsbildung und Vorbereitung auf Entscheidungen unter realen Daseinsbedingungen jenseits wirtschaftswissenschaftlicher Theorien mit berücksichtigen muss, solange sie ihre Position ausfüllen möchte. So verlöre die Frage, für welche wirtschaftswissenschaftliche Meinung sich eine zentralregierende Person entscheiden möchte, an Gewicht für sie. Wirtschaftswissenschaftler mögen sich untereinander auf Basis der ersten Forschungsstruktur streiten, so viel sie wollen, welche Aspekte des Daseins sie in ihren Theorien berücksichtigen möchten und welche nicht – den Politiker, der seine Entscheidungen mit dem Netz zweiter Struktur vorbereitet, würde das wenig kümmern.

Gesetzt den Fall, ökonomische Interessen und Handlungen oder andere Ereignisse lösen eine Krise aus, die weite Teile der Volkswirtschaft in Mitleidenschaft zieht. Zentralregierende Politiker geraten unter öffentlichen Druck, mit neuen Regeln zu verhindern, dass sich ein derartiges Desaster wiederholt. Mangelt es den Politikern an den dazu erforderlichen Sachkenntnissen und verfügen sie nur über disziplinärwissenschaftlich basierte Herangehensweisen sowie entsprechende digitale Informationsnetze zur Analyse der gegebenen Lage und der Schlüsse, die daraus für bestimmtes Verhalten zu ziehen sind, kann es schwer für sie sein, sich die besonderen Kenntnisse zu beschaffen. Angenommen, unter den Beschäftigten in Ministerien und anderen Behörden gibt es auch keine oder zu wenige hinreichend Sachverständige. Darüber hinaus geblickt, sind die sachdienlich kompetenten Fachleute ebenfalls rar. Dann bleibt den Politikern möglicherweise nichts anderes übrig, als für die Überwindung des Problems dieselben Personen zurate zu ziehen, ohne deren Verhalten das Problem nicht entstanden wäre. Nicht ganz auszuschließen ist, dass die Gefragten die Unkenntnis der Politiker ausnutzen, Regeln vorschlagen und durchsetzen, die ihnen selbst zugute kommen, aber dem volkswirtschaftlichen und staatlichen Interesse abträglich sind.

Würde ein zentralregierender Politiker hingegen das *Provisorium* nutzen, dann könnte er im digitalen Netz zweiter Struktur entweder auf Basis der Gegebenheiten vor oder nach dem Schadensereignis recherchieren. Möchte er das Zustandekommen der desaströsen Entwicklung im Geiste nachvollziehen, dann gäbe er Informationen über die Befindlichkeit der geschädigten Personen (Körper 1) vor ihrem Geschädigtwerden, von denen er in seinem eigenen Kopf weiß, in das digitale Netz ein. Diesen Informationen würde er gegenüberstellen Informationen über die damalige Befindlichkeit derjenigen Person, Gruppe oder anderen Quelle (Körper 2), die den Schaden verursachte, und nach übereinstimmenden Merkmalen zwischen den beiden Körpern fragen. Das digitale Netz würde die unvollständigen Informationen der Anfrage mit anderen relevanten Informationen verbinden beziehungsweise im Rahmen der aktuell digital verfügbaren Kenntnisse vervollständigen. In der Antwort würde unter anderem das Potenzial einer Beziehung zwischen den beiden Körpern angezeigt. Dazu zählt gegebenenfalls auch, dass der eine den anderen Körper auf bestimmte Weise schädigen konnte. Nun wäre der Politiker imstande weiter zu fragen, was der damals gefährdete Körper (die später geschädigten Personen) hätte tun können, um sich besser gegen das Schadensrisiko zu wappnen. An die Antwort könnte der Politiker eigene Überlegungen dahingehend anknüpfen, ob eine allgemeinverbindliche Verhaltensregel dem besonderen Schaden besser hätte vorbeugen können, ob von der gegenwärtigen Befindlichkeit aus gesehen eine solche Regel angestrebt werden soll. Entsprechend könnte der Politiker von Informationen über Merkmale der aktuellen Befindlichkeit bestimmter Personen (Körper 3) ausgehend im Netz zweiter Struktur nach Hinweisen über Gefährdungen dieser Personen durch einen Körper 4 suchen; aus den Antworten entnehmen, ob das Potenzial einer gemeinsamen Beziehung zwischen den beiden Körpern besteht, in deren Verlauf der eine den anderen Körper auf eine besondere Weise schädigen könnte; ob und wenn ja, wie sich der gefährdete Körper besser schützen ließe. Auf der Grundlage dieser Informationen wäre der Politiker schließlich in der Lage, sich eine Meinung darüber zu bilden, ob dem gefährdeten Körper eine Regel dienen könnte und wie diese formuliert sein sollte.

Auch wäre ein Politiker dazu in der Lage, im Netz zweiter Struktur nach Übereinstimmungen von Merkmalen einer Ist-Situation (eines Ist-Körpers), von der er aufgrund von Überlegungen in seinem eigenen Kopf weg will, und Merkmalen einer Soll-Situation (eines Soll-Körpers), zu der er aufgrund von Überlegungen in seinem eigenen Kopf hin will, zu fragen. Trüge die Ist-Situation das Potenzial in sich, zur Soll-Situation zu gelangen, dann würde das Netz in seiner Antwort im Rahmen des aktuell allgemein digital verfügbaren Kenntnisstandes darauf hinweisen. Auch könnte der Politiker das Netz nach den einzelnen dazu erforderlichen Schritten befragen.

Dies alles könnte ein Politiker im Rahmen des aktuell digital allgemein zugänglichen Kenntnisstandes herausfinden, ohne auf die Mitgestaltung durch die Schadensverursacher bei der Problemlösung angewiesen zu sein, die eventuell andere Absichten hegen als der Politiker und die große Mehrheit der Staatszugehörigen, in deren Auftrag der Politiker handelt.

Als Anleitung für das Regieren von zentraler Stelle ist eine wirtschaftswissenschaftliche Theorie tendenziell umso unbrauchbarer, je mehr maßgebliche Merkmale der Gegebenheiten, in denen die zentral geführten Eingriffe stattfinden, sie ausblendet. Umgekehrt, je vereinbarer eine wirtschaftswissenschaftliche Theorie mit allen relevanten Aspekten der besonderen Gegebenheiten ist, tendenziell umso wertvoller kann die Theorie zur Diagnose oder als Empfehlung für bestimmtes zentraldirigierendes Verhalten sein. Tendenziell umso mehr Gewicht kann ein zentralregierender Politiker der Theorie neben allen anderen relevanten Informationen in seiner Entscheidungsfindung beimessen. Aber keine wirtschaftswissenschaftliche Theorie kann die Bedingungen und Erfordernisse zentralregierenden Handelns vollständig beschreiben. Dies gilt im Übrigen auch für Theorien aus anderen wissenschaftlichen Disziplinen. Je komplexer die Bedingungen sind, in denen eine politische Entscheidung vorzubereiten ist, tendenziell umso weniger kommt das, was ein disziplinärwissenschaftlich basierter Experte oder ein interdisziplinäres Team von Beratern, die nur über digitale Netze der ersten Struktur verfügen, einem Politiker zur Sache mitteilen können, jemals an die Hinweise heran, die ein Politiker auf sein Fragen im Netz zweiter Struktur empfangen könnte. Dies hat verschiedene Gründe. So sehr auf dem aktuellen, allgemein verfügbaren Stand seiner Disziplin wie die disziplinbezogenen Inhalte des Netzes, das der zweiten Struktur folgt, ist ein disziplinärer Wissenschaftler oder anwendungstechnischer Experte, der auf die erste Struktur beschränkt ist, allenfalls zu Beginn einer neu geschaffenen Disziplin, solange deren Aussagen noch so überschaubar sind, dass ein Mensch das alles in seinem Kopf wahrnehmen, in irgendwie sinnvollen Bezügen zueinander sortieren und präsent halten kann. Noch mehr übersteigt die Nutzbarkeit des Netzes zweiter Struktur die Brauchbarkeit von Netzen der ersten Struktur darin, all die für eine besondere politische Entscheidung relevanten Informationen, welche über die Fachgebiete der Berater hinausgehen, in die Antwort an den Rat suchenden Politiker mit einzubeziehen. Dies heißt nicht, dass ein Politiker, der sich des Netzes zweiter Struktur bedient, überhaupt keinen persönlichen Austausch zur Meinungsbildung und Vorbereitung von Entscheidungen mehr mit wissenschaftsbasierten Experten suchen würde. Es gibt vieles, das nicht in einer digitalen Sprache ausdrückbar, nur oder zielführender im Sinne bestimmter Intentionen im persönlichen Kontakt mit wissenschaftlich vorgebildeten wie auch anderen Personen, die über besondere Kenntnisse verfügen, zu klären ist. Aber erst einmal nähme ein zentralregierender Politiker, der das Netz zweiter Struktur nutzt und sich zu einem bestimmten Gegenstand eine Meinung bilden oder eine Entscheidung vorbereiten will, eher keinen Kontakt zu irgendwelchen wissenschaftsbasierten Experten auf. Die Wahrscheinlichkeit, dass er die Falschen befragt oder dass die eigentlich geeignetsten Experten dem Politiker – aus was für Motiven auch immer – Maßgebliches verschweigen, wäre zu groß.

Wie für jeden Menschen, der mit Recherchen im Netz zweiter Struktur Entscheidungen für bestimmtes Verhalten vorbereiten möchte, würde auch für einen Politiker gelten: Beauftragt er eine andere Person mit den Recherchen und befragt diese andere Person das Netz von Informationen über Merkmale ihrer eigenen Befindlichkeit ausgehend, dann weichen die Antworten des Netzes tendenziell umso eher von den Antworten auf seine eigenen, an das Netz gestellten Fragen ab, je mehr sich die individuelle Befindlichkeit der anderen Person hinsichtlich der für den betreffenden Gegenstand relevanten Merkmale von seiner eigenen Befindlichkeit unterscheidet. Deswegen tut ein Politiker, der sich eine eigene Meinung darüber bilden will, welche Entscheidung die angemessenste im Sinne seiner politischen Intentionen ist und der vom Ergebnis seiner Meinungsbildung möglichst zweifelsfrei subjektiv überzeugt sein möchte, gut daran, selbst im Netz zu recherchieren.

Mehr Befähigung, die Entwicklung einer Volkswirtschaft im Sinne bestimmter Absichten zu beeinflussen

Angenommen, ein Staatszugehöriger erkennt von seiner persönlichen Befindlichkeit aus etwas, das er für ein ihn störendes Problem von komplexer ökonomischer Relevanz hält. Ausgehend von seinem persönlichen Befinden recherchiert er im digitalen Netz der zweiten Struktur nach Wegen zur Linderung oder Lösung des Problems. Die Antwort könnte lauten, dass es dazu eines Eingriffs von zentraler Stelle im Staat bedarf. Das digitale Netz würde ihm die Adresse, an die er sein Verlangen nach dem Eingriff richten kann, übermitteln. Angenommen, es gibt mehr Staatszugehörige, die ausgehend von ihrem jeweiligen Befinden ebenfalls im Netz zweiter Struktur Optionen eruieren, wie das Problem zu beherrschen wäre. Dann bekämen sie alle unabhängig voneinander den gleichen Hinweis, dass ein Eingriff von der zentralen Stelle erfolgen müsste oder zweckdienlich sein könnte. Ohne sich unbedingt zu kennen oder ihr Verhalten aufeinander abzustimmen, könnten sich die Problemlösungswilligen mit dem gleichen Anliegen an die für entsprechende Eingriffe zuständige Stelle wenden. Auf eine solche Initiative aus dem Kreis der Millionen Staatszugehörigen hin würden die dort zuständigen Personen darüber befinden, ob und gegebenenfalls wie sie der Aufforderung Folge leisten. Dabei wären sie an Vorgaben gebunden. Bei all ihren Entscheidungen würden sie sich kompromisslos an der Vereinbarkeit mit dem Ziel öffentlicher und rechtlicher Sicherheit bei weitestmöglicher Gewährleistung einiger individueller Grundrechte zu orientieren haben. Dies würde ihre Macht beschränken. Erkennen in diesem Rahmen die Personen der zentralen Stelle einen Handlungsbedarf, würden sie sich darum bemühen, ihr Verhalten zusätzlich mit den Verhaltensweisen eines weiter gefassten Kreises von Staatszugehörigen, die andere Probleme für sich lösen oder ein drohendes Unheil von sich abwenden möchten und diesbezüglich ebenfalls zentrale Eingriffe verlangen, zu koordinieren beziehungsweise gleichzurichten.

Nicht nur diejenigen, die ein besonderes Problem für sich entschärfen oder lösen möchten, sondern alle Staatszugehörigen, die das *Provisorium* nutzen würden, könnten sich zeitnah über alle zentral geführten Eingriffe im digitalen Netz informieren und sich dabei auch vergewissern, dass die zentral entscheidenden Personen die ihnen auferlegten Vorgaben einhalten. Relevante, nicht digital lesbare Informationen würden bei dieser Verfahrensweise in dem Umfang mitberücksichtigt, wie Staatszugehörige persönlich Eingriffe von zentraler Stelle aufmerksam begleiten, das heißt in ihrer jeweiligen besonderen Befindlichkeit mit ihrem eigenen Verstand, die für sie sachbezogen relevanten digitalen Daten einbeziehend, abwägen, ob sie im Hinblick auf einen bestimmten erfolgten oder im Gange befindlichen Eingriff eine wiederum digital formulierte Forderung an eine zuständige zentrale Stelle richten möchten oder nicht. Jeder Nutzer des *Provisoriums* wäre in der Lage, im Netz der zweiten Struktur nach übereinstimmenden Merkmalen seiner individuellen Befindlichkeit mit bestimmten aktuellen und geplanten Eingriffen von zentraler Stelle zu fragen. Dabei würde dem einzelnen Recherchierenden gegebenenfalls im Rahmen des aktuell allgemein digital verfügbaren Kenntnisstandes auch das Potenzial einer gemeinsamen Beziehung zwischen seiner individuellen Befindlichkeit und einem bestimmten Eingriff von zentraler Stelle angezeigt. Ginge aus dieser Meldung kein Schadenspotenzial im Sinne seiner Intentionen hervor, dann würde der Recherchierende vielleicht nicht weiter darauf reagieren. Würde ihm eine aus dem Eingriff resultierende Gefahr für seine Existenz angezeigt, dann könnte er weiter recherchieren, ob und gegebenenfalls was für Optionen bestünden, sich vor den möglichen für ihn schädlichen Folgen des zentral geführten Eingriffs zu wappnen. Eine Antwort darauf könnte unter anderem wieder in dem Hinweis auf die Adresse einer zentralen Stelle bestehen, von der er einen bestimmten Eingriff zu seinem eigenen Schutz verlangen könnte.

Angenommen der mit einer gewissen Wahrscheinlichkeit Gefährdete befolgt den Hinweis. Insgesamt einige Millionen Gefährdete würden sich auf diese und andere Benachrichtigungen über ein individuelles Gefährdetsein durch zentral geführte Eingriffe ebenso verhalten und sich mit der Forderung eines zusätzlichen zentralen Eingriffs an die jeweils zuständige Adresse wenden. Damit würden diese Millionen Menschen bewirken, dass die an zentraler Stelle als Koordinatoren tätigen Personen durch Übermittlung im digitalen Netz mit einer sich ständig weiterentwickelnden Informationslage konfrontiert werden. Auf dieser Basis könnten die Koordinatoren nach übereinstimmenden Merkmalen der Forderungen sowie nach darauf passenden zentral führbaren Eingriffen recherchieren. Dabei würde sich günstigstenfalls ein Eingriff herauskristallisieren, der alle Forderungen bei voraussichtlich klar überwiegendem beabsichtigtem Nutzen und zu vernachlässigenden oder gar keinen schädlichen Nebenwirkungen bedient. Dann wäre die Entscheidung für diesen Eingriff eindeutig. Doch je weniger die Forderungen nach einem zentral zu führenden Eingriff miteinander zu koordinieren sind, je weniger Potenzial beabsichtigten Nutzens, je mehr Potenzial schädlicher Nebenwirkungen ein solcher Eingriff verheißt, tendenziell umso mehr spräche dagegen. Tendenziell umso eher würden die zuständigen zentral entscheidenden Personen nicht eingreifen.

Im Gesamtresultat würden allzu punktuelle, mit zu vielen unerwünschten Nebenfolgen verbundene zentral geführte Eingriffe in der

Tendenz abgelöst durch ein symmetrischer abgestimmtes Konzert aus individuellen Verhaltensweisen vieler Staatszugehöriger, die in ihre mit dem eigenen Verstand getroffenen Entscheidungen Informationen aus dem Netz der zweiten Struktur einbeziehen, sowie aus zentral dirigierten Eingriffen, die ebenfalls mitbeeinflusst durch Informationen aus diesem Netz zustandekommen. Per saldo würden einerseits die vielen einzelnen Staatszugehörigen und andererseits die in ihrem Auftrag zentral entscheidenden Personen in ihren Bemühungen darum, ihre unterschiedlichen wie übereinstimmenden ökonomisch relevanten Anliegen voranzubringen, tendenziell mehr für- als gegeneinander arbeiten.

Durch symmetrischeres Regieren die internationale Wettbewerbsfähigkeit eines Wirtschaftsraumes tendenziell nachhaltiger sichern

Deutschland kann als Beispiel für einen Wirtschaftsraum gelten, von dem ausgehend sich Unternehmen einiger Branchen und handelbare Güter international als besonders konkurrenzfähig erwiesen haben, wo aber bei offenem Wettbewerb dennoch das Risiko geblieben ist, die verhältnismäßig starke Position wieder zu verlieren. Hier soll im Ansatz erörtert werden, wie ein solcher Wirtschaftsraum sein diesbezügliches Risiko bei Anwendung des *Provisoriums* tendenziell weiter reduzieren könnte.

Begabte Menschen in Deutschland erfinden etwas und machen daraus ein marktgängiges Produkt, welches über neue begehrte Eigenschaften verfügt, die zunächst niemand sonst anbietet. Auf je größere Nachfrage das Produkt stößt, je mehr sich damit verdienen lässt, umso eher versuchen auch ausländische Unternehmen ein adäquates oder noch besseres Produkt anzubieten. Soweit ihnen dies gelingt und sie auf Nachfrage treffen, schrumpft der deutsche Vorsprung oder geht verloren. Stagniert die Gesamtnachfrage nach den im Wettbewerb befindlichen Produkten, gewinnt der eine Hersteller nur noch Marktanteile zu Lasten des oder der anderen Produzenten. Ausfälle kann man zu kompensieren versuchen durch das Bereitstellen weiterer innovativer Produkte mit begehrenswerten Eigenschaften, die auf eine sich rechnende Nachfrage treffen. Dies setzt allerdings immer wieder Erfinder voraus, die in der Lage sind, sich neue, markttaugliche Produkte einfallen zu lassen.

Einmal angenommen, soweit fügt sich alles fortwährend günstig zusammen und aneinander. Dann kann man sich trotzdem hinsichtlich der andauernden Stärke der deutschen Wirtschaft im internationalen Wettbewerb nur bedingt sicher fühlen. Ausländische Unternehmen können die Kontrolle über deutsche Unternehmen gewinnen und so an deren in bestimmten Bereichen führendes technologisches Know-how gelangen. Investoren wie auch Unternehmen vieler Wirtschaftszweige sind nicht an das deutsche Staatsgebiet gekettet, sondern suchen weltweit da ihre Ziele zu verwirklichen, wo ihnen dies am aussichtsreichsten erscheint. Vielen Menschen steht es frei, ihr Geburtsland zu verlassen und ihre Fähigkeiten anderswo zur Geltung zu bringen. Konsumenten decken ihren Bedarf an beweglichen Gütern, ohne unbedingt einheimische Produkte zu bevorzugen.

Diese und andere Verletzbarkeiten nähren die Skepsis gegenüber Erwartungen, die deutsche Wirtschaft auf Dauer maßgeblich durch das Angebot technologisch immer wieder neuer, begehrter Produkte mit auskömmlichen Gewinnmargen international so wettbewerbsfähig halten zu können, wie sie sich – wenn auch nicht in jeder betroffenen Branche und in jedem betroffenen Unternehmen einer florierenden Branche, so doch im Gesamtbild – zum Zeitpunkt der Publikation dieser Zeilen darbietet.

Je offener eine Volkswirtschaft nach außen ist, tendenziell umso mehr Chancen jenseits der Landesgrenzen ergeben sich daraus für einige Mitwirkende, aber auch tendenziell umso mehr Unwägbarkeiten gehen damit für die Volkswirtschaft einher. Deutschland ist diesbezüglich besonders exponiert. Zwar kann die deutsche Regierung von anderen Staaten aus gegebenem Anlass Verbesserungen in der Rechtssicherheit verlangen, sich für den Abbau von Handelsschranken und anderes mehr einsetzen. Doch auf vieles, das vom Ausland aus den Gang der deutschen Volkswirtschaft mitbestimmt, hat deutsche Politik nur wenig oder gar keinen Einfluss. Davon gehen Unsicherheiten für all diejenigen aus, die ihre Existenz teilweise oder ganz auf die Stärke des deutschen Anteils an der Weltwirtschaft bauen. Besonders betroffen sind indirekt aber auch Staatszugehörige, die sich ohne Zuwendungen aus öffentlichen Umverteilungen nicht hinreichend im Sinne bestimmter vereinbarter Mindeststandards selbst versorgen könnten. Denn die hauptsächlich von Institutionen des

Bundes, der Länder und Gemeinden organisierten Umverteilungen von Mitteln zum Lebensunterhalt funktionieren nicht ohne das bisher und immer wieder neu von in Deutschland steuer- und abgabenpflichtigen Unternehmen auf in- und ausländischen Märkten Erwirtschaftete, soweit dafür keine künftigen Generationen mit öffentlichen Schulden belastet werden sollen.

Angenommen, in Deutschland ist man sich beständig mehrheitlich einig darin, dass Rahmenbedingungen, die marktwirtschaftliche Freiheiten zulassen, mitentscheidend zur Wettbewerbsfähigkeit des Wirtschaftsraumes beitragen. Dies bedeutet auch, In- und Ausländern im Rahmen geltenden Rechts Freiheiten zu gewähren, sich auf Weisen zu verhalten, welche die deutsche Volkswirtschaft stärken oder schwächen können. Dann kommt eine zentraldirigierte Einschränkung dieser Handlungsfreiheiten zu dem Zweck, die deutsche Volkswirtschaft oder Teile von ihr vor vermeintlichen oder tatsächlichen Gefahren zu schützen, nur unter besonderen Vorbehalten in Betracht. Übrig bleibt die Frage, ob trotz dieser Vorgabe Merkmale, die für Deutschlands ökonomische Entwicklung relevant sind, zugunsten einer gegen Verletzungen von außen immuneren Wettbewerbsfähigkeit seines Wirtschaftsraumes verbessert werden könnten.

Grundsätzlich gilt: Je weiter ein punktuelles Handeln zentral entscheidender Personen ein beabsichtigtes Ziel verfehlt, weil unerwünschte Nebenwirkungen zu wenig berücksichtigt worden sind, tendenziell umso mehr deutet auf ein noch nicht ausgeschöpftes Potenzial zur Optimierung des Regierens hin. Je häufiger es zu derartigen Verfehlungen in verschiedenen Bereichen der Politik kommt, je schwerwiegender die dadurch angerichteten Schäden oder Versäumnisse sind, umso mehr Gründe gibt es und umso dringlicher kann es erscheinen, nach Strukturen und Methoden für ein zielführenderes Regieren und eine Reduzierung abträglicher Nebenfolgen im Sinne bestimmter Intentionen zu suchen.

Wenn einige wenige Personen mit dem Regieren von Millionen Staatszugehörigen überfordert sind und keine Perspektive besteht, die wenigen zentral Entscheidenden so auszustatten, dass sie sich von nun an ihren ungefähr gleichbleibenden Aufgaben als hinreichend gewachsen erweisen, dann muss man die Bedingungen dafür verbessern, dass sich die vielen anderen Staatszugehörigen mehr Eigenverantwortung zutrauen, ihren Vorteil darin erkennen und so einen Teil des zentralen Regierens überflüssig machen. Wie könnte man dies fördern?

Dazu sei zunächst einmal die Ausgangslage der Anzusprechenden betrachtet. Für das gesellschaftliche Leben sind oft arbeitsteilige Systeme charakteristisch. Ein so aufgeteiltes Organisieren bestimmter Anliegen wird allerdings den komplexen, wandlungsfähigen und sich nach keiner Arbeitsteilung richtenden Bedingungen, mit denen jeder für sich und alle zusammen konfrontiert sind, nur bedingt gerecht. Soweit es daran mangelt, müsste sich eigentlich jeder darum bemühen, sein Defizit auszugleichen, das heißt in dem Umfang, wie es sein Dasein betrifft, die größeren Zusammenhänge von besonderen Bedingungen genauer zu erfassen. Doch ebendies widerspricht dem Selbstverständnis des Menschen, der sich in einem arbeitsteiligen System – abgesehen von einigen, jedem Laien zugebilligten Befähigungen – auf einen zugewiesenen Ausschnitt der Wahrnehmung eines größeren Ganzen beschränken soll. Unter diesem Aspekt ist die Versuchung groß für ihn, bei freier Wahl Verantwortung für sich selbst an eine andere Stelle abzuschieben, auch wenn er die bestimmte zu erbringende Leistung vielleicht gleich gut oder besser erfüllen könnte. Wenn er dann kann, bürdet er die ungeliebte Last vielleicht einer mit öffentlichen Mitteln tätigen Institution auf.

Will man trotz ausgeprägt arbeitsteilig organisierter Gesellschaft erreichen, dass möglichst viele Menschen ihren jeweiligen Vorteil in mehr Eigenverantwortung erkennen und eine solche übernehmen, dann muss man ihnen ein besonderes Instrument anbieten, das dazu beitragen kann, die persönliche Fähigkeit zu erhöhen, komplexe Bedingungen des Daseins in dem für ihre besonderen Anliegen relevanten Maße geistig zu erfassen, sodass sie tendenziell häufiger das vollbringen, was sie sich vornehmen. Genau dies wäre mit dem *Provisorium* eher zu leisten. Staatszugehörige, die das Angebot annähmen, würden in dem Maße, wie sie es für sich nutzen, befähigter sein, in ihrem jeweiligen Verhalten häufiger mitzuberücksichtigen, ob dessen weiterreichende Folgen auf ihr soziales Umfeld, den Staat und darüber hinaus auch in ihrem persönlichen Interesse liegen oder den eigenen Anliegen zuwiderlaufen.

Damit würde das Regieren tendenziell gleichmäßiger von so vielen Staatszugehörigen wie möglich ausgehen. Die wenigen national oder regional zentral entscheidenden Personen würden weiterhin zur Erfüllung derjenigen Aufgaben benötigt, die von den Millionen Staatszugehörigen im Privatsektor schlechter oder gar nicht zu leisten sind. Alles in allem würde der Staat »symmetrischer« regiert werden. Je symmetrischer der Staat regiert würde, je häufiger und angemessener infolgedessen die individuellen Befindlichkeiten und Absichten so vieler Betroffener wie möglich zur Geltung kämen, tendenziell umso eher konzentrierten sich bei einigen wenigen Entscheidern nicht so große Einflussmöglichkeiten, dass diese mit ihrem zu kleinen Urteilsvermögen etwas tun, das für eine viel größere Zahl von Menschen unbeabsichtigt mehr oder weniger schwerwiegende Nachteile mit sich brächte.

Je mehr im Staat von zentraler Stelle in Wirtschaftsgeschehen ohne Mitsprache der Millionen einzelnen Teilnehmer eingegriffen wird, tendenziell umso weniger individuell frei können diese sich marktwirtschaftlich einbringen. Tendenziell umso weniger symmetrisch wird der Staat regiert. Doch dies erlaubt nicht den Umkehrschluss, dass je mehr marktwirtschaftlich abläuft, automatisch umso symmetrischer regiert würde. Damit symmetrischeres Regieren möglichst nachhaltig funktioniert, bedürfte es Regeln und zentral geführter Eingriffe, die mit den das *Provisorium* nutzenden Teilnehmern fortwährend abgestimmt werden. Ohne die Komponente marktwirtschaftlicher Abläufe neben anders zu beschreibenden Verhaltensweisen, ohne für alle Teilnehmer geltende Regularien bei ausreichender Kompetenz aller Mitwirkenden, mit komplexen Daseinsbedingungen umzugehen, ist kein symmetrischeres Regieren möglich.

Das symmetrischere Regieren müsste dazu genutzt werden, Merkmale der Staatlichkeit, nach denen weltweit die meisten Menschen begehren, im eigenen Land zu optimieren. Zu solchen Merkmalen zählen insbesondere: die Gewährleistung öffentlicher Sicherheit, das Rechtssystem bei weitgehend konsequenter Einhaltung einiger individueller Grundrechte, die Gesundheitsversorgung, Ausbildungswesen und Forschung, der öffentlich bereitzustellende Anteil an Infrastruktur, Transferleistungen zur Minderung von Existenzgefährdungen; und das alles bei – gemessen an den vom Staat und seinen Untergliederungen beziehungsweise diesen nachgeordneten Institutionen zu erbringenden Leistungen – möglichst geringen Belastungen der Teilnehmer mit Steuern und Abgaben.

Dies wäre der relativ verlässlichste Weg, um möglichst viele Investoren, Unternehmen und ihre Beschäftigten sowie Konsumenten nachhaltig an den eigenen Wirtschaftsraum zu binden. Für begabte Ausländer könnte es damit noch attraktiver werden, in Deutschland – um bei dem Beispielstaat zu bleiben – Beschäftigungsverhältnisse einzugehen, was so bedeutsam für das Land ist, wie leistungsbereite Immigranten die Folgen einer sich zu wenig verjüngenden Bevölkerung für den Arbeitsmarkt und Rentenversicherungen mildern könnten. Auf diese Weise ließe sich bei nicht nachlassenden Anstrengungen privatwirtschaftlicher Unternehmen zur Selbstbehauptung das Land und sein Wirtschaftsraum am ehesten von den Gefahren fernhalten, im internationalen Wettbewerb an Bedeutung einzubüßen, infolgedessen nicht mehr über die nötigen Mittel zu verfügen, innerstaatlich ein einigermaßen konfliktarmes Neben- und Miteinanderleben auf einem ungefähr gleichbleibend hohen oder noch ansteigenden Niveau dauerhaft gewährleisten zu können.

Das hier mit Bezug auf die besonderen Verhältnisse in Deutschland Beschriebene ließe sich im Prinzip genauso am Beispiel jedes anderen Staates und Wirtschaftsraumes zeigen, wobei die jeweilige besondere Ausgangslage, die relativ kürzere oder längere zu überwindende Strecke zum symmetrischeren Regieren hin hervorzuheben wäre.

Begrenzt verfügbare Güter

Menschen sind zu Privateigentum unterschiedlich eingestellt. Manche halten es grundsätzlich oder im Besonderen für unverzichtbar. Anderen erscheint es bedeutungslos. Wieder andere glauben, wegen des Privateigentums gehe es ungerecht zu. Gäbe es kein Privateigentum – so meinen sie –, wären die der Menschheit verfügbaren Güter weniger ungleich auf die einzelnen Menschen verteilt und ein konfliktärmeres, einträchtigeres Neben- und Miteinander-Leben in Gesellschaft möglich.

Menschen, die Privateigentum prinzipiell befürworten, können dem Eigentum an einem bestimmten Gut unterschiedliche Werte beimessen. Zum Beispiel kann der Wert, den ein Mensch seinem Haus beimisst, davon mitbestimmt sein, ob er nur der Eigentümer ist oder ob er es auch besitzt, darin wohnt oder arbeitet. Einem Menschen kann ein eigenes Haus lästig sein im Hinblick auf die Pflichten, die mit diesem Eigentum verbunden sind. Oder das eigene Haus zerstreut die Sorge des Eigentümers, in seiner Existenz materiell gefährdet zu sein. Verfügt er hingegen über mehrere Häuser, dann würde er sich vielleicht beim Verlust eines Hauses materiell nicht weniger gesichert, mit einem zusätzlichen Haus materiell nicht sicherer fühlen. Ein Eigentümer kann Wert darauf legen, mit seinem Haus auf besonders teurem Grund seinen Mitmenschen zu signalisieren, wie viel ihn von einem Habenichts unterscheidet. Ein anderer hält seinen Reichtum lieber von den Blicken weniger Begüterter fern.

Menschen können das Eigentum an einem bestimmten Gut mit Alleinstellungsmerkmal(en) subjektiv unterschiedlich bewerten. Eventuell zahlt ein Mensch für einen begehrten Gegenstand mehr, wenn er weiß, dass dieser früher einmal einer Person gehört hat, die in irgendeiner ihn berührender Hinsicht berühmt war oder deren Andenken er aus persönlicher Verbundenheit durch den Gegenstand bewahren möchte.

So sehr sich Menschen in ihrer Einstellung zu persönlichem Eigentum unterscheiden mögen, lassen sich doch aus dem Verhalten aller Menschen zusammen betrachtet gewisse Tendenzen erkennen. Je mehr einem Menschen etwas ihm Gehörendes bedeutet, tendenziell umso mehr ist er darauf bedacht, es nicht zu verlieren oder nur im Tausch für etwas, das er noch höher bewertet. Je mehr einem Menschen das Eigentum eines bestimmten Gutes bedeutet, über das er nicht verfügt, tendenziell umso mehr bemüht er sich darum, es zu erlangen. Verfügt er hingegen über ein bestimmtes Gut und sieht er, gleich wie er damit umgeht, keinen Unterschied in den persönlichen Folgen für sich, dann fehlt ihm eher das Interesse daran, was aus dem Gut wird.

Unabhängig davon, wie diktatorisch, repräsentativ demokratisch oder anders zu bezeichnen ein Staat regiert wird, ob und inwieweit geschriebenes Recht Privateigentum darin vorsieht oder nicht, verfügen die Staatszugehörigen in ungleichen Maßen über das, was sie in dem Territorium vorfinden. Dies lässt sich unter Menschen verschiedener Befindlichkeiten und Interessen niemals vermeiden. Einige Staatszugehörige sind erfolgreicher als andere darin, bei Beachtung des geltenden rechtlichen Rahmens aufgrund persönlicher Voraussetzungen und günstiger sich ihnen bietender Gelegenheiten die Verfügung über immer mehr Güter zu erlangen. Einige sind kreativer als andere darin, den Wert spezifischer, in ihrer Verfügung befindlicher Güter hinsichtlich bestimmter Eigenschaften zu steigern, das Bedürfnis danach in anderen Menschen anzuregen und bei Knappheit der betreffenden Güter dafür höhere Handelspreise zu bewirken. Manche schaffen es, die Produktion begehrter Güter, die zunächst knapp und nur für relativ wenige Menschen bezahlbar sind, zu vervielfachen, die betreffenden Produkte durch rationellere Fertigung mehr danach Begehrenden zu niedrigeren Preisen zugänglich zu machen und per saldo von den vielen Nachfragenden mehr Geld als von den zuvor wenigen einzunehmen. Ob man es sich bewusst macht oder nicht: Personen bestimmter Namen sind in Geld oder einer anderen Messeinheit ausgedrückt relativ zu anderen Personen ärmer oder reicher. Einer ist immer der Begütertste.

Über je mehr Geld und/oder begehrte knappe, insbesondere für Menschen existenzwichtige Güter jemand verfügt, tendenziell umso größere Möglichkeiten hat er, damit bestimmten Absichten folgend etwas zu bewirken. Tendenziell umso weniger können Politiker wie auch zentralentscheidende Personen in Behörden, die im Rahmen geltenden Rechts genug Macht haben, auf ihn Rücksicht zu nehmen, seinem mit Nachdruck vorgebrachten Wunsch, dies auch zu tun, widerstehen. Denn tendenziell umso größere Möglichkeiten hat der durch geschriebenes Recht gesichert oder de facto Vermögende, mit Einschüchterung oder individuellen Belohnungen Parlamentsabgeordnete, zentral regierende Politiker und diesen zuarbeitende Personen in Behörden nach Bekanntwerden eines ihm missfallenden politischen Planes davon abzubringen, stattdessen eigene Wünsche durchzusetzen. Tendenziell umso größere Möglichkeiten hat er in einem Mehrparteiensystem, politische Parteien für ein Entgegenkommen mit Wahlkampfspenden zu begünstigen. Dies alles birgt das Risiko in sich, dem ökonomischen Wohlergehen von Millionen Staatszugehörigen, ihrer öffentlichen Sicherheit, ihren Möglichkeiten zur Wahrnehmung individueller Grundrechte abträglich zu sein.

Schaffen es Propagandisten, den Millionen Staatszugehörigen eine Ideologie nahezubringen oder überzustülpen, die das Privateigentum zu marginalisieren versucht und zu abstraktem Gesellschaftseigentum erklärt, so gehen die entsprechenden Güter dadurch nicht alle unter. Dann greifen zentral entscheidende Personen und andere, die in der besonderen Lage ein Einfallstor zur Erfüllung ihres Wunsches nach der persönlichen Verfügung über bestimmte Güter erkennen, bei Gelegenheit nach dem persönlichen Besitz der eigentümerlosen Güter und gehen damit um, quasi als ob sie die Eigentümer wären. Je weitreichender ihnen dies gelingt, tendenziell umso eher erreichen sie einen Einfluss auf die Entwicklung des Staates und seiner Volkswirtschaft, den zugunsten des Wohlergehens der Millionen übrigen Staatszugehörigen einzusetzen sie, wenn überhaupt willens, dann tendenziell umso mehr überfordert sind, je komplexer sich die Daseinsbedingungen erweisen. Gegebenenfalls tendenziell umso weiter entfernt bleibt das Resultat von einer Zuteilung der Bestimmung über die vorhandenen Güter an die vielen Staatszugehörigen, die sie alle oder wenigstens die meisten von ihnen in ihren individuellen Befindlichkeiten als einigermaßen passend empfinden würden. Je unzulänglicher die wenigen den Anliegen der vielen Staatszugehörigen gerecht werden, tendenziell umso schwächer ist die Volkswirtschaft als ganze. Tendenziell umso unterlegener ist diese im Wettbewerb mit anderen Volkswirtschaften.

Je weniger im Staat ein Recht auf Privateigentum vorgesehen ist oder geschriebenes Recht auf Privateigentum zur Geltung kommt und je mehr es darüber hinaus an der Gewährleistung öffentlicher Sicherheit mangelt, tendenziell umso eher kann der Stärkere jederzeit das im rechtlichen Sinne niemandem Gehörende oder schlecht Bewachte an sich reißen, alles, wonach er begehrt, den Schwächeren verwehren oder wegnehmen. Dies kann zu immer mehr Betrug, Erpressung und bewaffneten Auseinandersetzungen führen zwischen denen, die etwas haben, das sie behalten möchten und denen, die danach begehren.

Allerdings bietet auch geschriebenes Recht, das im Staat Privateigentum vorsieht und eingehalten wird, keine Gewähr dagegen, Personen und Gruppen aufgrund ihrer Verfügung über besondere Güter so mächtig werden zu lassen, dass ihr Verhalten die öffentliche und rechtliche Sicherheit beeinträchtigen, Millionen andere Menschen in existenzielle Bedrängnis bringen kann. Will man über die rechtliche Sicherung der Option für jeden Staatszugehörigen, Privateigentum zu bilden, hinaus das Risiko der Einflussnahme besonders vermögender Personen und Gruppen auf das Gemeinwesen zu Lasten der öffentlichen und der rechtlichen Sicherheit, insbesondere zum Auslösen und Eskalieren militärischer oder terroristischer Aggressionen eindämmen, dann wäre es tendenziell zielführend, wenn möglichst viele Staatszugehörige aus freier persönlicher Entscheidung um persönliches Eigentum an werthaltigen handelbaren Gütern bemüht wären, wenn Eigentum an den knappen Gütern im Staat möglichst gleichmäßig auf die Staatszugehörigen verteilt wäre und möglichst viele Staatszugehörige ihre Gelegenheiten, persönliches Eigentum zum Beeinflussen des Gemeinwesens in Übereinstimmung mit ihren individuellen Anliegen zu nutzen, ausschöpfen würden. Doch die Erfüllung eines solchen Postulates liegt großenteils jenseits dessen, wohin sich die uns gegebenen Daseinsbedingungen wandeln könnten. Dafür bedeutet den vielen einzelnen Menschen persönliches Eigentum prinzipiell und im Besonderen zu Unterschiedliches. Dafür sind die einzelnen Menschen hinsichtlich ihrer Befindlichkeiten und daraus erwachsenden Fähigkeiten, Eigentum an bestimmten Gütern erwerben und bei sich behalten zu können, zu unterschiedlich. Dafür schwanken die Verhältnisse von Angebot und Nachfrage bestimmter Güter beziehungsweise die Güterpreise zur gleichen Zeit an verschiedenen Orten, zu unterschiedlichen

Zeiten am selben Ort teilweise zu stark. Dafür sind die den Menschen an unterschiedlichen Orten verfügbaren immobilen Güter zu ungleich hinsichtlich der Nutzungsmöglichkeiten verteilt.

Auch daraus, dass bereits mit der Verfügbarkeit digitaler Netze der ersten Struktur die Recherche nach Gütern, die sich zum Vermögensaufbau einer bestimmten Person oder Gruppe eignen, erleichtert wird, ist nicht unbedingt auf eine größere Motivation zur Vermögensbildung zu schließen. Etwas günstiger wären die diesbezüglichen Aussichten bei Verfügbarkeit des digitalen Netzes zweiter Struktur. Damit wären Staatszugehörige auf tendenziell kürzeren Recherchewegen und umfassender in der Lage, ihr persönliches Interesse an der Bildung von Eigentum an handelbaren Gütern, die aus ihrer jeweiligen Sicht werthaltig sind, zu begreifen. Einige der so Recherchierenden würden sich womöglich verstärkt um persönliches Eigentum bemühen und eher dazu motiviert sein, einmal erlangtes persönliches Vermögen zu Lebzeiten beständig bei sich behalten zu wollen. Aber es ist fraglich, ob der Anteil dieser Personen an der Gesamtbevölkerung groß genug wäre, um eine so viel gleichmäßigere Vermögensbildung zu erreichen, dass in der Folge die Möglichkeit der Beschädigung öffentlicher wie rechtlicher Sicherheit durch einzelne Personen und kleine Gruppen deswegen deutlich zurückginge, weil keiner mehr über ein so großes Vermögen verfügte, mit dem er einen entsprechenden Einfluss ausüben könnte.

Würde das Risiko der Einflussnahme einiger weniger besonders vermögender Personen zu Lasten der öffentlichen und rechtlichen Sicherheit im Staat beim symmetrischeren Regieren also genauso groß bleiben? Nein. Denn die Übereinstimmung der einzelnen Staatszugehörigen in der Einsicht, existenziell auf öffentliche und rechtliche Sicherheit angewiesen zu sein und dem, was sie unter diesen Sicherheiten verstehen, ist größer als die Übereinstimmung in der Einsicht, was jeder zu seiner Existenzsicherung und Lebensentfaltung an persönlichem Eigentum benötigt. Eine vom Wunsch nach öffentlicher und rechtlicher Sicherheit für alle Zugehörigen losgelöste Lenkung des Staates würde mit dem symmetrischeren Regieren schwerer möglich sein. Es würde sich weniger Macht bei zentral entscheidenden Personen konzentrieren. Diese Personen hätten weniger Möglichkeiten, Staatszugehörigen, die aufgrund ihres Eigentums und/oder Besitzes relative Schlüsselpositionen einnehmen, zu Lasten der übrigen Bevölkerung entgegenzukommen. Für denjenigen, der Zugang nicht nur zu digitalen Netzen der ersten, sondern auch dem Netz der zweiten Struktur haben würde, wäre es zudem tendenziell leichter zu erkennen, wenn ein besonders Vermögender die öffentliche und rechtliche Sicherheit zu gefährden beginnt, und sich bei Gelegenheit diesem Ansinnen in einer Phase zu widersetzen, da dies noch mit relativ hoher Wahrscheinlichkeit erfolgreich sein kann. Auch einem besonders Vermögenden würde der Zugang zum Netz zweiter Struktur für Recherchen darüber, wie sich sein Verhalten auf die öffentliche und rechtliche Sicherheit auswirkt oder auswirken könnte, offenstehen. Er könnte tendenziell leichter umfänglicher beurteilen, ob Nebenwirkungen bestimmten eigenen Verhaltens seinen Absichten tendenziell abträglich oder förderlich gewesen sind oder in Zukunft sein würden. Auf tendenziell kürzeren Wegen der Recherche könnte er erkennen, wenn sein Interesse, einer bestimmten Person oder Gruppe die Verfügung über bestimmte Güter zu belassen oder zu gewähren, größer ist als sein Interesse, der Person oder Gruppe die Güter wegzunehmen oder zu verwehren. Soweit ihm daran gelegen ist, unbeabsichtigte, ihm selbst keine Vorteile bringende, aber dem Zusammenleben im Staat abträgliche Nebenfolgen seines Tuns und Lassens zu vermeiden, könnte er diesbezügliche Hinweise des Netzes zweiter Struktur in seinen Entscheidungen für bestimmtes Verhalten berücksichtigen.

Verfügung über Geld
im privaten und Verfügung über Geld im öffentlichen Sektor

Angenommen, es stehen für digitale Recherchen nur Netze der ersten Struktur zur Verfügung. Befürworter größerer öffentlicher Budgets versuchen eine Steuererhöhung ohne Zweckbindung mit der Behauptung durchzusetzen, es träfe nur relativ wohlhabende Staatszugehörige, die durch die Mehrbelastung nicht in ihrer Existenz gefährdet würden. Man habe in jedem Fall irgendetwas mit dem Geld vor, das vielen Staatszugehörigen zugute komme, während ein Verbleiben des Geldes bei den augenblicklich darüber im Privatsektor Verfügenden dazu führe, dass das Geld ungerechterweise nur dem Wohl einiger weniger diene oder sogar verschwendet werde. Diese Unterstellung wird insoweit durch die Gegebenheiten gestützt, wie es Personen im privaten Sektor, geltendes Recht beachtend freisteht, bei ihrer Verwendung des ihnen verfügbaren Geldes keine Rücksicht auf Anliegen aller Staatszugehörigen nehmen zu müssen, während Personen im öffentlichen Sektor zumindest der Theorie nach damit beauftragt sind, das ihnen verfügbare öffentliche Geld primär nicht für die Befriedigung eigener persönlicher Bedürfnisse, sondern zugunsten von Anliegen aller Staatszugehörigen auszugeben. Dabei übersehen oder verschweigen die nach Steuererhöhungen Verlangenden allerdings, dass auch Entscheidungen im öffentlichen Sektor aus Überlegungen einzelner Personen hervorgehen, denen es unter den gegebenen komplexen und eventuell noch komplexer werdenden Daseinsbedingungen genauso wie Personen im Privatsektor an der Fähigkeit mangelt, in ihrem Verhalten alle relevanten Aspekte im Sinne ihrer Absichten zu berücksichtigen beziehungsweise unerwünschte Nebenfolgen zu vermeiden. Wäre dem nicht so und Personen im öffentlichen Sektor wären diesbezüglich kompetenter, fänden Steuerpflichtige ein Motiv weniger, sich gegen geltendes Recht verstoßend ihren fälligen Zahlungen zu entziehen.

Gleich ob digitale Netze für Recherchen zur Vorbereitung von Entscheidungen für bestimmtes Verhalten zur Verfügung stehen oder nicht, gilt: Je größer die Geldsumme ist, über deren Verwendung eine einzelne Person verfügt oder mitbestimmt, tendenziell umso weniger begreift sie im eigenen Kopf, welchem Gegenwert in bestimmten Gütern die Geldsumme entspricht. Über eine je größere Geldsumme jemand verfügt, tendenziell umso mehr Möglichkeiten hat er, nicht nur mit einer einzigen, sondern mit verschiedenen Verwendungen des Geldes Folgenträchtiges zu bewirken. Je unterschiedlicher und zahlreicher die Zwecke sind, denen Geld zuzuweisen eine einzelne Person entscheidet oder in einem Gremium zustimmt, tendenziell umso weniger Aufmerksamkeit kann die Person jeder einzelnen Entscheidung über die Zuteilung von Geld widmen, tendenziell umso weniger ist die Person dazu fähig, mit dem eigenen Verstand zu kontrollieren und zu beeinflussen, dass das zugewiesene Geld effizient im Sinne ihrer Intentionen für jeden spezifischen Zweck eingesetzt wird.

Wird durch die Erhebung von Steuern Geld aus dem Privatsektor abgezogen und ohne spezifischen Verwendungszweck dem öffentlichen Sektor zugeführt, dann gilt: Je größer die sich dabei im öffentlichen Sektor sammelnde Geldsumme ist, umso eher können einzelne Personen im öffentlichen Sektor über die Verwendung größerer Geldsummen bestimmen oder mitbestimmen als einzelne Personen im privaten Sektor. Je weniger Personen im öffentlichen Sektor über je größere Geldmittel relativ zum privaten Sektor verfügen, je mehr unterschiedlichen Zwecken sie öffentliches Geld zuzuteilen haben, tendenziell umso eher sind die betreffenden Personen aufgrund ihrer naturbedingt begrenzten geistigen Kapazitäten weniger fähig, im eigenen Kopf die Effizienz ihres Geldeinsatzes für den einzelnen Zweck im Sinne der Intentionen zu kontrollieren sowie die weiterreichenden Folgen ihrer diesbezüglichen Entscheidungen zu überblicken, als wenn mehr Staatszugehörige unter Einbezug des Privatsektors über die Verwendung jeweils kleinerer Summen zu befinden hätten. Folglich muss man die Verfügung über die gesamte im öffentlichen und privaten Sektor vorhandene Geldsumme auf mehr Personen aufteilen, wenn man die Aufmerksamkeit für jeden einzelnen Geldeinsatz im Sinne bestimmter Intentionen für zu gering hält. Soll darüber hinaus die Kompetenz der betreffenden Personen gestärkt werden, im eigenen Kopf beurteilen zu können, wie sie das ihnen jeweils verfügbare Geld möglichst umsichtig, unerwünschte Nebenfolgen vermeidend im Sinne ihrer besonderen Anliegen verwenden, benötigen sie den Zugang zum digitalen Netz der zweiten Struktur.

Je mehr Staatszugehörige über diese zusätzliche Kompetenz verfügen und je intensiver sie davon Gebrauch machen würden, tendenziell umso schwerer wären Forderungen nach Steuererhöhungen einfach deswegen, weil man meint, das Geld Personen im Privatsektor wegnehmen zu können und irgendeine kurz gedachte Idee für eine andere Verwendung des Geldes hat, durchzusetzen. Denn mit dem Netz zweiter Struktur wäre es für Staatszugehörige tendenziell einfacher herauszufinden, ob so viel Geld im öffentlichen Sektor mit ihren persönlichen Anliegen auch bei umfänglicherer Betrachtung vereinbar ist. Je mehr Staatszugehörige diese Möglichkeit der Recherche nutzen und den Eindruck gewinnen würden, dass lediglich einige zentral entscheidende Personen mit der Verfügung über mehr Geld im öffentlichen Sektor mehr Macht für sich erlangen möchten, Geld nach eigenem Gutdünken irgendwohin verteilen zu können, tendenziell umso eher hätten die Argumente gegen Steuererhöhungen ein höheres Gewicht als diejenigen, die dafür sprechen.

Angenommen, Teilnehmer an der Volkswirtschaft im privaten wie im öffentlichen Sektor würden das Netz zweiter Struktur nutzen, um unter komplexen Daseinsbedingungen die Wahrscheinlichkeit zu erhöhen, mit ihren Entscheidungen das zu erreichen, was sie sich vornehmen beziehungsweise unbeabsichtigte und unerwünschte Nebenfolgen zu vermeiden. Damit dies gelänge, müsste jeder Teilnehmer in einer besonderen

Entscheidung auch sachrelevante Informationen über seine persönliche Befindlichkeit und seine Anliegen berücksichtigen, die in keiner digital lesbaren Sprache ausdrückbar sind und die niemand besser als er selbst kennt. Derartige Informationen sind für die Entwicklung der Volkswirtschaft immer relevant im Hinblick darauf, dass der Saldo der Beiträge ihrer vielen individuellen Teilnehmer darüber mitbestimmt, ob und inwieweit die Volkswirtschaft unter bestimmten Aspekten stagniert, wächst oder schrumpft. Denn gleich welche Regierungsform im Staat herrscht, stellen diesen nicht bloß einige wenige tonangebende Personen, sondern alle seine Teilnehmer dar. Würde der Staat von weniger oder mehr Menschen gebildet oder von ganz anderen Teilnehmern getragen werden, wäre sein Erscheinungsbild ein anderes. Die Volkswirtschaft eines Staates ist so stark oder schwach, wie die Beiträge aller seiner Teilnehmer per saldo einander ergänzen, fördern oder behindern.

Stehen keine oder nur digitale Netze der ersten Struktur zur Verfügung, dann mangelt es den Staatszugehörigen im privaten wie im öffentlichen Sektor tendenziell umso mehr an Kompetenz, das zu erreichen, was sie sich vornehmen, je komplexer ihre Daseinsbedingungen werden. Aber es gibt einen Unterschied: Im Privatsektor tätigen Zugehörigen wird eher unterstellt, dass sie billigend in Kauf nehmen, mit ihrem Verhalten gemeinsamen Anliegen aller Staatszugehörigen Schaden zuzufügen. Von Personen im öffentlichen Sektor nimmt man eher an, dass sie mit ihrem Verhalten den Anliegen aller oder der meisten Staatszugehörigen dienen. Als Folge davon finden Zentralregierende tendenziell mehr Zustimmung in der Bevölkerung, Personen im Privatsektor, die dem Anschein nach mehr Geld haben, als sie unbedingt zum Leben brauchen, die Verfügung über dieses Geld durch Besteuerung zu entziehen, als Forderungen, Menschen im Privatsektor über das nach vereinbarten Kriterien unbedingt Notwendige hinaus mehr Geld zu belassen. Angenommen, als Folge davon verfügen zentral entscheidende Personen über Geld in Mengen, die im Sinne gemeinsamer Anliegen aller oder möglichst vieler Staatszugehöriger zu verteilen sie eigentlich überfordert sind. Soweit man in dieser Schwäche einen Handlungsbedarf erkennt, bleibt als Ausweg, die zentralen Entscheider durch Vorschriften in ihren Entscheidungsfreiheiten hinsichtlich der Verteilung des Geldes einzuschränken. Aber auch die Personen, die diese Regularien verfassen, sind mit ihrer Aufgabe tendenziell umso mehr überfordert, je komplexer und je weniger in ihrem ständigen Wandel prognostizierbar die Bedingungen sind, in die hinein die Regularien wirken sollen. Je mehr es den zuständigen zentral entscheidenden Personen an Kompetenz hinsichtlich der Verteilung des ihnen verfügbaren Geldes und der zweckorientierten Ausgabenkontrolle mangelt, tendenziell umso ungünstigere Relationen von öffentlichen Mitteleinsätzen zu damit erzielten Ergebnissen im Sinne bestimmter, mit den Ausgaben verbundener Intentionen ergeben sich.

Würden die vielen einzelnen Teilnehmer an der Volkswirtschaft das Netz der zweiten Struktur nutzen, nähme ihre jeweilige Kompetenz tendenziell zu, unter komplexen Daseinsbedingungen ihre nicht digital lesbaren Informationen möglichst umfassend mit den für ein besonderes Anliegen relevanten Informationen aus dem Netz zusammen betrachten und beurteilen zu können. Angenommen, man entzöge dann Geld ihrer Verfügung im Privatsektor, womit die Verwendung dieses Geldes vom Einfluss ihrer digital nicht lesbaren Informationen abgeschnitten würde. In der Folge würden Belastungen von Personen im Privatsektor mit Steuern ab einer bestimmten Höhe dann zum Diebstahl an der volkswirtschaftlichen Prosperität, wenn die Kompetenz der zentral entscheidenden Personen im Umgang mit den gegebenen komplexen Daseinsbedingungen, die der Verwendung der Steuereinnahmen für bestimmte Zwecke zugrundeliegt, addiert kleiner als die Kompetenz zur Verwendung des Geldes addiert wäre, wenn die betreffenden Steuerzahler selbst auf mehr Köpfe verteilt über einen größeren Anteil des Geldes bestimmen könnten. Je größer das Volumen dieses Diebstahls an der volkswirtschaftlichen Prosperität ist, in den Konsequenzen tendenziell umso größeren Druck bedeutet dies, zum Bezahlen von öffentlichen Leistungen, die man unbedingt in der Gegenwart erbringen möchte, öffentliche Schulden zu Lasten künftiger Generationen zu erhöhen sowie tendenziell weniger Umverteilung von Geld zugunsten von Staatszugehörigen, die nicht oder nicht hinreichend imstande sind, durch eigene entgeltliche Leistung ihren Lebensunterhalt zu sichern.

Forderten bei Verfügbarkeit des digitalen Netzes zweiter Struktur Staatszugehörige höhere Steuern und würden Zweifel an deren Notwendigkeit hinsichtlich der Erfüllung bestimmter öffentlicher Leistungen laut, dann müssten die Befürworter höherer Steuern erst einmal mithilfe des Netzes zweiter Struktur in toto zeigen, wie die Verwendung des zusätzlichen Geldes im öffentlichen Sektor mit übergroßer Wahrscheinlichkeit direkt oder indirekt Anliegen möglichst vieler Staatszugehöriger fördern würde, ohne anderen Anliegen der Staatszugehörigen mindestens genauso abträglich zu sein. Wer dem gegenüber meint, er werde mit zu hohen Steuern belastet, müsste unter Einbezug des Netzes zweiter Struktur in einem geregelten Verfahren Argumente dafür liefern, dass er die umstrittene Geldsumme effizienter im Sinne bestimmter Anliegen verwenden würde, in denen er mit möglichst vielen anderen Staatszugehörigen übereinstimmt, und so versuchen, die Genehmigung einer niedrigeren Besteuerung zu erlangen. Das Verfahren müsste in rechtskräftige Steuerbescheide für die betreffenden Steuerzahler münden. Noch ein wenig weiter gedacht, könnte sich ein Wettbewerb zwischen Staatszugehörigen im privaten und Staatszugehörigen im öffentlichen Sektor entwickeln, wer mit verfügbarem Geld am effizientesten unter Einbezug der Gewährleistung nationaler und übernationaler öffentlicher Sicherheit bei Einhaltung individueller Grundrechte umgeht.

Angenommen, Personen, die aus unterschiedlichen Befindlichkeiten heraus auf die Verteilung öffentlicher Ausgaben Einfluss nehmen, tun sich schwer damit, bei ausschließlicher Verfügbarkeit digitaler Netze erster Struktur an so viele Informationen zu gelangen wie benötigt, um den größtmöglichen Konsens darüber zu erzielen, wofür öffentliches Geld mit welchen effizient zielführenden Vorgehensweisen ausgegeben werden soll. Dann wären den recherchierenden Personen bei Verfügung über das Netz zweiter Struktur auf tendenziell kürzeren Wegen vollständigere sachrelevante Informationen zugänglich, die es ihnen erlauben, sich dem größtmöglichen Konsens anzunähern. Je mehr Staatszugehörige das Netz zweiter Struktur nutzen, je häufiger und übereinstimmender sie ungeachtet ihres Denkens vom öffentlichen oder privaten Sektor aus bestimmte Grundlagen ihres individuellen Daseins als bewahrens- und förderungswert erachten, Nebenfolgen bestimmter Verhaltensweisen als schädlich für ihre jeweiligen Anliegen bewerten würden, tendenziell umso seltener und schwächer käme es zum Streit zwischen ihnen darüber, wofür Geld im privaten und wofür Geld im öffentlichen Sektor ausgegeben werden soll. Diesbezüglich tendenziell umso mehr würden Staatszugehörige durch gegenseitige Überprüfung ihres Verhaltens im Netz zweiter Struktur Vertrauen zueinander entwickeln können, dass sie im privaten Sektor wie auch als zentral Entscheidende im öffentlichen Sektor bei ihren Geldausgaben allen Staatszugehörigen gemeinsame Interessen möglichst wenig unbeabsichtigt beschädigen.

Geld aus knappen öffentlichen Budgets könnte bei Nutzung des Netzes zweiter Struktur tendenziell effizienter im Sinne bestimmter Absichten ausgegeben werden, was die Erfüllung von mehr Wünschen mit einer bestimmten Geldsumme und / oder niedrigere Steuern und / oder weniger öffentliche Schulden erlauben würde. Allerdings würde hinsichtlich der Aufgaben, über deren als grundsätzlich notwendig, wünschenswert oder zumindest hinnehmbar betrachtete Erfüllung im öffentlichen Sektor es unter den Staatszugehörigen kaum Streit gäbe, auch bei Verfügbarkeit des Netzes zweiter Struktur und des symmetrischeren Regierens immer noch kontrovers darüber verhandelt werden, wie viel Geld für einzelne befürwortete Zwecke ausgegeben werden soll. Auch nach Recherchen im Netz zweiter Struktur würde es teilweise eine Frage subjektiven Ermessens bleiben, mit wie viel Geld absolut und prozentual zum verfügbaren Gesamtetat beispielsweise Staatszugehörige, die nur eingeschränkt oder überhaupt nicht selbst für ihren Lebensunterhalt sorgen können, aus öffentlichen Budgets unterstützt werden sollen, wie viel öffentliches Geld der Gesundheitsversorgung zukommen, wie hoch die öffentlichen Ausgaben für die Ausbildung an Schulen und Hochschulen sein sollen, wie viel öffentliches Geld für die Gewährleistung innerer Sicherheit und die Außenverteidigung des Landes benötigt wird. Doch je mehr gemeinsamen Anliegen der Staatszugehörigen dienende Leistungen vom privaten Sektor beziehungsweise je weniger Leistungen relativ dazu und absolut vom öffentlichen Sektor aus erbracht würden, tendenziell umso weniger Anlässe zum Streit im öffentlichen Sektor darüber, wie viel Geld für welchen Zweck ausgegeben werden soll, entstünden. Das im privaten Sektor auszugebende Geld wäre solchen Kontroversen tendenziell weniger ausgesetzt, weil das Geld dort nicht als eine einzige relativ große Summe ohne Zweckbindung Begehrlichkeiten vieler Staatszugehöriger wecken kann, sondern in viele kleinere Mengen aufgeteilt der Bestimmung privater Eigentümer unterliegt.

Ökonomisches Wachstum

Angenommen, je mehr das auf bestimmte Weise definierte und ermittelte Bruttoinlandsprodukt eines Staates wächst, tendenziell umso mehr öffentliches Geld kann bestimmten Zwecken zugeteilt werden. Deshalb sind besonders die von öffentlichen Ausgaben Profitierenden sowie die an zentralen Stellen über öffentliche Ausgaben Entscheidenden daran interessiert, dass sich das Bruttoinlandsprodukt vergrößert. Dessen vorhandenes Wachstum genügt ihnen nicht. Mit mehr Investitionen, Konsum im Privatsektor und Wertschöpfung im Außenhandel zusätzliches Wachstum herbeizuführen, sind die vielen Teilnehmer an der Volkswirtschaft in zu gering erscheinendem Maße bereit oder in der Lage. Ließe sich dies dann vielleicht mit höheren öffentlichen Ausgaben um den Preis eines Defizits oder größeren Defizits im Staatshaushalt erreichen? Thomas Mayer bezweifelt dies:

»Aus den Gleichungen der volkswirtschaftlichen Gesamtrechnung folgt, dass ein höherer Konsum, höhere Investitionen und höhere Nettoexporte zu einem Anstieg des Bruttoinlandsprodukts führen. Ist der private Konsum schwach, dann legen die Gleichungen nahe, dass die Staatsausgaben und/oder die Exporte ansteigen müssen, um den mangelnden Konsum auszugleichen und das Bruttoinlandsprodukt zu stützen. Wenn man davon ausgeht, dass sich die Exporte kurzfristig nur in begrenztem Maße beeinflussen lassen, dann erscheint die Schlussfolgerung nur natürlich, dass Staatsausgaben und staatliche Investitionen das Wachstum stützen müssen. So gesehen scheint eine Senkung des Haushaltsdefizits nicht dazu angetan, das Wachstum anzukurbeln. Aber wie die meisten herkömmlichen ökonometrischen Modelle, die zur Berechnung von sogenannten Fiskalmultiplikatoren verwendet werden, vernachlässigt diese Sichtweise die entscheidende Bedeutung, die Vertrauen für das Wirtschaftswachstum spielt. Vertrauen ist notwendig, damit Unternehmen investieren, Banken Kredite gewähren und Verbraucher Geld ausgeben. Ohne das Vertrauen der privaten Haushalte, Banken und Unternehmer hat die Steigerung der Staatsausgaben und staatlichen Investitionen bestenfalls eine Strohfeuerwirkung auf das Wachstum, im schlimmsten Fall kann die daraus resultierende Verschlechterung der öffentlichen Finanzen das Vertrauen der privaten Wirtschaftsteilnehmer ganz zerstören und das Wirtschaftswachs-

tum langfristig beeinträchtigen. Die wichtigste Aufgabe der Wirtschaftspolitik bei der Bekämpfung einer Rezession ist daher wohl die Wiederherstellung des Vertrauens der Bevölkerung und der ausländischen Investoren in die grundsätzliche wirtschaftliche und finanzielle Gesundheit des Landes, auch wenn dazu zeitweilige Produktionsverluste und haushaltspolitische Sparmaßnahmen gehören. Eine Haushaltskonsolidierung ist erforderlich, um das Vertrauen in die Nachhaltigkeit der Staatsfinanzen wiederherzustellen. Eine Stabilisierung und Umstrukturierung des Bankensektors ist notwendig, um das Vertrauen in den Finanzsektor wiederzugewinnen. Strukturreformen sind notwendig, um die externe Wettbewerbsfähigkeit zu verbessern und das Vertrauen in die Zahlungsfähigkeit eines Landes wiederherzustellen. Vertrauen hilft nicht nur, die Investitionstätigkeit von Unternehmen anzuregen und zu verhindern, dass die privaten Haushalte aus Angst vor der Zukunft ihr Geld auf die hohe Kante legen, sondern es stimuliert auch die Kreditvergabe einheimischer und ausländischer Finanzinstitute. Infolgedessen wird der Druck, die internen und externen Defizite umgehend abzubauen, geringer … . Die Frage lautet also nicht, ob man haushaltspolitischen Sparmaßnahmen oder dem Wirtschaftswachstum Priorität einräumen sollte, sondern es geht darum, das optimale Maß an Sparsamkeit und Strukturreformen zur Maximierung des Vertrauens zu finden.« (7)

Unter der Prämisse, dass Versuche, durch Eingriffe der nationalen Zentralregierung, einer regionalen Zentralregierung und/oder der zuständigen Zentralbank in die Volkswirtschaft eine Steigerung des Bruttoinlandsproduktes zu erzwingen, unverhältnismäßig wenig im gewünschten Sinne bewirken, wenn die Staatszugehörigen wie auch ausländische Investoren von ihren jeweiligen individuellen Befindlichkeiten aus betrachtet zu wenig Vertrauen in die »grundsätzliche wirtschaftliche und finanzielle Gesundheit des Landes« haben, als dass sie daraus Zuversicht für ihre persönlichen Anliegen schöpfen könnten, stellt sich unter anderem die Frage, ob es den vielen Teilnehmern, auf deren aktive Beiträge es ankommt, erleichtert werden könnte, Anhaltspunkte dafür zu finden, aus denen sie das erforderliche individuelle Vertrauen in ihre ökonomische Zukunft gewinnen könnten.

Je weniger sich die vielen Teilnehmer unter dem Wachstum der Volkswirtschaft im Sinne einer Steigerung des Bruttoinlandsproduktes vorzustellen vermögen, umso größer kann die Lücke zwischen dem, was jeder einzelne Teilnehmer mit seinem Kopfverstand für begehrenswert hält, und dem sein, was als volkswirtschaftliches Wachstum bezeichnet wird. Kann man – gemessen in der gültigen Papiergeldwährung – nur deshalb ein Wachstum der Volkswirtschaft feststellen, weil die Währung entsprechend inflationiert, wächst die Volkswirtschaft als solche eigentlich nicht. Je komplexer die Daseinsbedingungen sind, tendenziell umso schwerer fällt es den vielen einzelnen Mitwirkenden, denen für digitale Recherchen zur Lagebeurteilung und Vorbereitung von Entscheidungen nur digitale Netze der ersten Struktur zur Verfügung stehen, zu durchschauen, ob sie selbst oder andere mit bestimmtem Verhalten volkswirtschaftliches Wachstum in Angelegenheiten hervorbringen, die sie als fördernswert ansehen, ohne mindestens genauso von ihnen begehrtes Wachstum in anderer Hinsicht, an anderer Stelle der Volkswirtschaft zu beeinträchtigen, oder ob sie mit ihrem Verhalten der Volkswirtschaft ungewollt etwas wegnehmen, das sie für nicht weniger wert oder sogar für wertvoller halten.

Wer das digitale Netz der zweiten Struktur nutzt, könnte dem gegenüber auf tendenziell kürzeren Recherchewegen Zusammenhänge zwischen seiner persönlichen Befindlichkeit, seinen Anliegen und volkswirtschaftlichen wie auch weltwirtschaftlichen Geschehnissen erkennen. Er wäre eher dazu in der Lage, sich ein Urteil darüber zu bilden, welchen tendenziellen Einfluss für wertvoll gehaltenes Wachstum an einer Stelle der Volkswirtschaft auf Wachstum, das er für mindestens genauso begehrenswert hält, an anderer Stelle der Volkswirtschaft hat oder haben könnte. Angenommen, er recherchiert im Netz zweiter Struktur, dass ein bestimmtes Verhalten Wachstum erzeugt oder mit übergroßer Wahrscheinlichkeit erzeugen könnte; außerdem, dass sich dieses Wachstum mit allem von ihm für wertvoll und fördernswert Gehaltenem im Einklang befindet und obendrein noch Daseinsrisiken in seinem Sinne eindämmt. Dann stünde er mit relativ großer Zuversicht hinter seiner Entscheidung. Empfinge der Recherchierende bei seinen Erkundungen Informationen, die sein persönliches Vertrauen in die Volkswirtschaft beziehungsweise die künftige Entwicklung des Staates tendenziell stärken und die ihm entgingen, wenn er nur Netze der ersten Struktur nutzen würde, dann ließe er sich eher auf ein unternehmerisches Risiko ein. Er würde eher mutiger konsumieren, in der Tendenz eher zum Wachstum der Volkswirtschaft beitragen.

Ein Recherchierender könnte im Rahmen des aktuell allgemein digital verfügbaren Kenntnisstandes nach übereinstimmenden Merkmalen zwischen Befindlichkeiten seiner Person und der Volkswirtschaft suchen. Dabei würde er gegebenenfalls auch auf ein gemeinsames Potenzial zwischen sich und der Volkswirtschaft aufmerksam. Soweit es sich dabei um ein Potenzial handeln würde, dessen Ausschöpfen dem volkswirtschaftlichen Wachstum tendenziell zuträglich wäre und seinen Intentionen entspräche, könnte er sich in dem Netz genauer darüber informieren, wie der Weg oder die alternativen Möglichkeiten zur Nutzung dieses Potenzials aussehen würden und was er selbst dazu tun könnte. Empfinge er im Netz zweiter Struktur hingegen keine Hinweise auf persönliche Verhaltensmöglichkeiten, deren Realisierung unter Berücksichtigung der eventuellen Nebenwirkungen und seiner persönlichen Intentionen per saldo zum volkswirtschaftlichen Wachstum beitragen könnte, dann gäbe er sich eher keinen Illusionen hin und ließe sich eher auf kein Verhalten ein, das mit übergroßer Wahrscheinlichkeit zur Enttäuschung führen würde.

Würden auf Antrag öffentliche Mittel zur Förderung privatwirtschaftlicher Projekte vergeben, dann hätten die an zentraler Stelle darüber Bestimmenden den jeweiligen Investitionsplan unter anderem mit Recherchen im Netz zweiter Struktur daraufhin zu prüfen, ob sich das Vorhaben unter Einbezug möglicher wachstumsmindernder Nebenfolgen voraussichtlich per saldo eher förderlich oder eher schwächend auf das volkswirtschaftliche Wachstum auswirken würde. Auf Basis der Prüfungsergebnisse dürften aktuell als Kandidaten für eine Förderung zur Auswahl stehende privatwirtschaftliche Projekte, die dem volkswirtschaftlichen Wachstum per saldo voraussichtlich tendenziell am förderlichsten wären, relativ am meisten, privatwirtschaftliche Projekte, die dem volkswirtschaftlichen Wachstum der Einschätzung nach tendenziell weniger zugute kämen, entsprechend geringer und Projekte, die das volkswirtschaftliche Wachstum mit übergroßer Wahrscheinlichkeit reduzieren würden, überhaupt nicht subventioniert werden. Im Ergebnis unterblieben eher Unterstützungen privatwirtschaftlicher Projekte durch Mittel aus öffentlichen Haushalten, die sich im Nachhinein als »Strohfeuer« entpuppen würden. Denkbar wäre, dass an der Prüfstelle eine Liste mit Anträgen zur Subventionierung unternehmerischer Projekte geführt würde, die zunächst nicht zum Zug gekommen sind, aber in einer Phase makroökonomischer Rezession, in der man zentral dirigiert mit einer größeren Geldsumme zu einem neuen Aufschwung beitragen möchte, erneut auf eine Genehmigung hin geprüft werden könnten. Im Prinzip würde ein solches Verfahren zur Subventionierung privatwirtschaftlicher Projekte so funktionieren wie schon Förderprogramme, deren Entscheider bei ihren digitalen Recherchen nur Zugriff auf Netze der ersten Struktur haben. Der Unterschied bestünde in der größeren Kompetenz der unternehmenswilligen wie auch der über Subventionen entscheidenden Personen, wachstumsträchtige Projekte zu identifizieren. Im Ergebnis würde tendenziell mehr volkswirtschaftliches Wachstum erzeugt, weil das, was Wachstum hervorbringt, durch weniger unbeabsichtigte, das Wachstum beeinträchtigende Nebenwirkungen gemindert würde.

Daten über den Tausch sowie Schenkungen von Gütern, aber auch über manche mit Geldflüssen verbundene Geschäfte zwischen Teilnehmern der Volkswirtschaft finden zum Teil keinen Eingang in Statistik oder sind nur lückenhaft statistisch erfassbar. Je größer und wachstumsrelevanter deren Anteil am volkswirtschaftlichen Geschehen ist, tendenziell umso unvollständiger und ungenauer sind die von zentralen Stellen ermittelten Daten über das Wachstum der Volkswirtschaft. Dem gegenüber würden die vielen einzelnen Teilnehmer addiert über eine umso vollständigere Fähigkeit verfügen, Wachstum, Stagnation und Schrumpfung der Volkswirtschaft bei Mitberücksichtigung ihrer jeweiligen Aktivitäten außerhalb des statistisch erfassten Bereichs zu beurteilen, je mehr von ihnen das Netz zweiter Struktur zur Analyse von Gegebenheiten und Vorbereitung von Entscheidungen für bestimmtes Verhalten nutzen würden. Nicht auszuschließen ist, dass damit ein Wandel in der Bedeutung, die volkswirtschaftlichem Wachstum beigemessen wird, einherginge. Dem, was man zuvor für Wachstum gehalten hat, würde man nicht mehr unbedingt so viel Aussagekraft für das Befinden der Volkswirtschaft zuschreiben. Womöglich sähe man in einer besonderen volkswirtschaftlichen Befindlichkeit und Entwicklung, die unter bestimmten Aspekten als Stagnation oder Schrumpfung zu beschreiben ist, bei anderem Hinschauen überwiegend Erwünschtes und keinen Anlass zu erhöhter Sorge und Korrekturbedarf mehr. Vielleicht würde man sich für die Volkswirtschaft nur noch in besonderen Zusammenhängen mehr Wachstum wünschen, in anderen Befindlichkeiten das Erstrebenswerte anders bezeichnen. Dafür spricht, dass es in den von den vielen einzelnen Menschen erleb- und geistig erfassbaren Mikroökonomien sachlich begründet oder gefühlt neben Wachstum gleichzeitig immer auch Stillstand und Rückgang gibt. Unabhängig vom Auf und Ab der Volkswirtschaft erweitern sich für relativ sehr viele oder sogar fast alle Teilnehmer die persönlichen ökonomischen Möglichkeiten während ihrer Entwicklung vom Kind zum Erwachsenen.

In einer Volkswirtschaft, deren Teilnehmer erst in relativ geringer Zahl beispielsweise über elektrische Haushaltsgeräte, Unterhaltungselektronik oder Autos und zugleich über die erforderlichen Mittel zur Erfüllung des Bedürfnisses danach verfügen, ist bei weitgehender Deckung des Bedarfs aus einheimischer Produktion statistisch eher ein höheres Wachstum feststellbar als in einer Volkswirtschaft mit relativ vielen Teilnehmern, die ausländische Gebrauchsgüter bevorzugen oder deren Bedarf an entsprechenden Geräten bereits weitgehend gesättigt ist und die fast nur noch bei Bedarf nach adäquatem Ersatz verlangen. Zu Zeiten mit relativ viel Innovation in Gebrauchsgütern, die auf rege Nachfrage treffen, ist das volkswirtschaftliche Wachstum tendenziell höher als zu Zeiten, da relativ wenig technologischer Fortschritt in begehrten Gebrauchsgütern zu verzeichnen ist. Auch in einer auf Basis statistischer Daten als wachstumslos oder niedergehend interpretierten Volkswirtschaft kann es Unternehmen geben, die betriebswirtschaftlich wachsen. Dem gegenüber können einzelne Teilnehmer in einer Volkswirtschaft mit relativ hohem, statistisch ermitteltem Wachstum vergeblich nach entgeltlicher Beschäftigung suchen, privatwirtschaftliche Unternehmen scheitern.

Sollen die einzelnen Teilnehmer an der Volkswirtschaft so viel Zuversicht aus deren Befinden schöpfen, dass sie mehr investieren, mehr konsumieren und damit zum volkswirtschaftlichen Wachstum beitragen, dann reichen Maßnahmen von zentraler Stelle mit der Absicht, Investitionen und Konsum zu erleichtern, dazu nicht aus. Dann benötigen die Teilnehmer individuellere Zugänge zur Beurteilung der Volkswirtschaft für sich allein und eingebunden in die Weltwirtschaft als nur die Kenntnis des volkswirtschaftlichen Wachstums oder anderer, von zentraler Stelle nach irgendwelchen Methoden für einen zurückliegenden Zeitraum statistisch ermittelter und ausgewerteter Daten zur Volkswirtschaft. Auch eine Prognose ansteigenden Wachstums kann nur so viel zur Zuversicht der einzelnen Teilnehmer an der Volkswirtschaft beitragen, wie in deren Köpfen bezogen auf ihre individuellen Verhältnisse keine Zweifel an der Vorausschau aufkommen. Die Merkmale dieses individuelleren Bezuges zwischen sich und der Volkswirtschaft ihres Staates zu erkennen, dabei auch persönliche Informationen mit zu berücksichtigen, die in keiner maschinenlesbaren Sprache zu erfassen sind, würde den Teilnehmern mit Zugang zum Netz zweiter Struktur leichter als bei bloßer Verfügbarkeit von Netzen der ersten Struktur fallen.

Symmetrischeres Regieren und Papiergeldwährungen

Möchte man Einflüsse des gültigen Geldes auf die ökonomische Prosperität eines definierten Wirtschaftsraumes beschreiben, dann hängt die Brauchbarkeit des Ergebnisses davon ab, wie umfassend es gelingt, diesbezüglich relevante Aspekte in möglichst angemessener Gewichtung zueinander einzubeziehen. Dem könnte die Nutzung des digitalen Netzes zweiter Struktur dienlich sein. Die Vorgehensweise wäre im Prinzip gleich wie an anderen Stellen des Buches für das Beurteilen anderer Zusammenhänge gezeigt. Dieses Kapitel nun beschränkt sich auf die Frage, wie symmetrischeres Regieren in einem definierten Währungsraum nach erfolgter Wahl eines Papiergeldsystems dessen Ausgestaltung beeinflussen könnte. Einer in einem Territorium geltenden Monopolpapiergeldwährung wird ein System mehrerer auf dem Territorium miteinander konkurrierender Papiergeldwährungen hinsichtlich ihrer vorausgesetzten Tendenzen zum langfristig überwiegenden Kaufkraftverlust und zur temporären Deflation gegenübergestellt. Angenommen, mehrere zugelassene Währungen würden eher gewährleisten, dass in dem betreffenden Währungsraum bei Verlangen immer eine relativ inflationsschwache und eine relativ deflationsschwache Währung zur Verfügung stünden, womit sich die Entwicklung der Volkswirtschaft in der Tendenz zu mehr Stetigkeit hin beeinflussen ließe. Außerdem angenommen, dass man darin einen Vorteil mehrerer zugelassener miteinander konkurrierender Währungen sieht. Wenn es dennoch Gründe gibt, eine Monopolpapiergeldwährung zu präferieren, dann stellt sich die Frage, ob diese Gründe beim symmetrischeren Regieren an Bedeutung verlieren würden. Die dazu im folgenden ausgeführten Überlegungen gilt es zu erörtern – zunächst für sich alleine und dann in Zusammenhängen, die den Rahmen dieses Buches überschreiten.

Vorausgesetzt, makroökonomische Krisen sollen, wenn man sie nicht vollends vorbeugend verhindern kann, dann in ihren für schädlich befundenen Folgen eingedämmt und möglichst selten werden. Jedes Mal, wenn man vermutet oder konstatiert, dass dem geltenden Papiergeldsystem beim Zustandekommen einer schwelenden oder zurückliegenden

Krise eine besondere Bedeutung zukommt, stellt sich die Frage, ob diese Krise mit einem anders gestalteten Währungssystem nicht ausgebrochen oder milder verlaufen wäre. Diese Frage zu beantworten, erscheint umso dringlicher, je verheerendere Schäden eine solche Krise mit sich bringt.

Monopolpapiergeldwährungen kann man auch als Fiatgeldsysteme bezeichnen. Diesen kommt gegenwärtig in der Welt der Währungen die größte Bedeutung zu. Dazu schreibt Thomas Mayer:

»Als Richard Nixon am 15. August 1971 die zeitweilige Aufhebung der Goldanbindung des US-Dollar bekannt gab, legte er den Grundstein für die Entstehung eines Geldsystems ohne intrinsischen Wert (Fiatgeldsystem), wie wir es heutzutage kennen. Dabei hat Geld keine Edelmetalldeckung mehr, sondern kann nach Belieben von der Zentralbank ausgegeben werden. Das Vertrauen in dieses künstlich geschaffene Geld hängt nun allein von der Überzeugung ab, dass die Zentralbank die Kaufkraft für Waren, Dienstleistungen und – würden manche hinzufügen – Sachwerte erhält.« (8)

»Es ((das Fiatgeld; ergänzende Anmerkung)) basiert auf dem Vertrauen, dass die Zentralbanken es nur an existenzfähige Banken als Kredit vergeben, die ihrerseits Kredite an existenzfähige Wirtschaftsteilnehmer aus dem privaten und öffentlichen Sektor vergeben. Sofern das geschieht, besteht die Deckung des Geldes in den Waren, Dienstleistungen und Sachwerten, die diese Wirtschaftsteilnehmer bereitstellen. Falls das Geld auch Kredite an nicht lebensfähige Wirtschaftsteilnehmer deckt, denen es nicht gelingt, den entsprechenden realen Gegenwert bereitzustellen, dann wird der Wert dieses Geldes vermindert. Angesichts der meilenweiten Distanz, aus der Zentralbanker den Mikrokosmos von Unternehmen und privaten Haushalten aus der Realwirtschaft betrachten, können sie nicht sicher sein, ob der Gegenwert für das bereitgestellte Geld tatsächlich produziert wird. Daher betrachten sie die gegenwärtige und prognostizierte Entwicklung der Inflation, um einen Anhaltspunkt für eine richtige Einschätzung zu haben. Sie versprechen, Geld und Kredite zu verknappen, sobald es Anzeichen für einen Inflationsanstieg gibt. Den Beteuerungen der Zentralbanken, dass sie die Kaufkraft des Geldes schützen, mangelt es jedoch aus zwei Gründen an Glaubwürdigkeit. Erstens ist aufgrund der volkswirtschaftlichen Untersuchungen der Monetaristen … bekannt, dass eine Erhöhung des Geldangebots sich erst mit langen und variablen Zeitverzögerungen auf die Preise auswirkt; außerdem … sind die Effekte nicht linear. Anders ausgedrückt: Die Geldmengenexpansion zeigt lange Zeit keine Wir-

kung, führt aber letztendlich zu einem unkontrollierbaren Inflationsanstieg. Da wir weder die Zeitverzögerung noch die quantitative Beziehung zwischen dem Wachstum der Zentralbankgeldmenge und der Inflation kennen, stehen uns vermutlich irgendwann in der Zukunft unangenehme Überraschungen bevor. Und je länger die Zentralbanken den Leitzins niedrig halten und ihre Bilanzen aufgebläht bleiben, desto stärker passen die Wirtschaftsteilnehmer ihre Portfolios diesem Umfeld an. Projekte werden undurchführbar, wenn die von der Geldpolitik beeinflussten Finanzierungskosten steigen. Je größer die Anzahl der Projekte, die durch einen Anstieg der Finanzierungskosten bedroht sind, desto verwundbarer wird die Wirtschaft für eine Straffung der geldpolitischen Zügel und umso weniger ist die Zentralbank in der Lage, inflationshemmende Maßnahmen zu ergreifen.« (9)

Angenommen, es gilt im Staatsgebiet eine einzige Papiergeldwährung. Sie ist nur so viel wert, wie diejenigen, welche sie benutzen oder benutzen könnten, ihr Wert im Hinblick auf die Erfüllung ihrer jeweiligen Anliegen beimessen. Angenommen, in einem sich weiterentwickelnden Wirtschaftsraum kann sich die gültige Papierwährung nur behaupten, wenn sich ihre Geldmenge verändern lässt. Angenommen, diese nimmt unter Schwankungen im Laufe der Zeit zu und davon gehen in der Folge auch Inflationen in Preisen handelbarer Güter aus, die deflationäre Tendenzen in der Gesamtsicht übertreffen. Je mehr die Papiergeldwährung in der Wahrnehmung ihrer Nutzer aus bestimmten objektiv feststellbaren Veränderungen interpretiert oder bloß gefühlt an Wert verliert, je mehr die Zweifel daran zunehmen, ob die Schuldner die in der Währung aufgetürmten Schulden noch jemals selbst begleichen werden, je weniger werthaltige und renditeattraktive Geldanlagen in der Währung danach Suchende noch zu finden glauben, tendenziell umso näher rückt der Moment, ab dem der verbliebene Rest Vertrauen in die Währung diese nicht mehr vor dem Zusammenbruch bewahren kann. Daraus allein oder in Akkumulation mit anderen belastenden Faktoren kann für die Volkswirtschaft, ihre Teilnehmer und eventuell über die Landesgrenzen hinaus eine Krise resultieren.

Angenommen, trotz temporär möglicher deflationärer Tendenzen sind die Ausweitung der Geldmenge der Papierwährung über die Schöpfung zusätzlicher »realer Gegenwerte« hinaus und damit der Wertverfall der Währung unvermeidlich. Die zuständige Zentralbank wäre nicht imstande, diesen Wertverfall zu unterbinden. Dann stellt sich die Frage: Könnte die Zentralbank Tempo und Ausmaß des Wertverfalls wenigstens so beherrschen, dass dieser weniger schädliche Folgen als der bisherigen Erfahrung nach für die Volkswirtschaft mit sich brächte? Die Möglichkeiten der für die Papiergeldwährung zuständigen Zentralbank, auf die Wertentwicklung je Währungseinheit Einfluss zu nehmen, insbesondere dazu beizutragen, dass die Menschen an die Wertbeständigkeit der Papiergeldwährung glauben, sind unvollkommen. Dies liegt zum einen daran, dass die der Zentralbank vorliegenden Informationen, auf deren Basis sie ihre Entscheidungen für bestimmte Maßnahmen trifft, unvollständig sind. Angenommen, die Zentralbank versucht, die in der langfristigen Tendenz nach unten gerichtete Wertentwicklung der Papiergeldwährung in einer vereinbarten Schwankungsbreite pro gewählter Zeiteinheit zu halten oder dahin zu bringen, um die Planungssicherheit für die Teilnehmer an der Volkswirtschaft zu erhöhen. Als Entscheidungsgrundlage dafür möchte die Zentralbank eine Inflationsrate oder Deflationsrate kennen, die einen Saldo aus allen oder realistischer einer Auswahl aus allen zugänglichen Informationen über Güterpreisentwicklungen in einem gewählten zurückliegenden Zeitraum darstellt. Dabei stützt sich die Zentralbank auf Berechnungen aus statistisch erfassten Daten. Doch diese Daten beschreiben die aktuellen Gegebenheiten nur vage, veralten permanent in Teilen und als Gesamtkomposition betrachtet. Während die Verantwortlichen der Zentralbank eine Entscheidung für bestimmte Maßnahmen treffen, wissen sie nicht wirklich, wie die vielen einzelnen, an der Währung teilhabenden Menschen aktuell zu dem Papiergeld eingestellt sind. Denn das Vertrauen, das der Währung entgegengebracht wird, schwankt fast pausenlos, nimmt zu oder ab. Jedes handelbare Gut hat seine besondere Preisentwicklung. Jeder Teilnehmer an der Volkswirtschaft des Währungsraumes konsumiert in einem Betrachtungszeitraum eine individuelle Kombination von Gebrauchs- und Verbrauchsgütern und hat es mit einem individuellen Saldo aus deflationären, stillstehenden und inflationären Entwicklungen der für ihn maßgeblichen Güterpreise zu tun. So erfährt jede Papiergeldwährung viele Auf- und Abwertungen, deren Saldo bereits nach jeder kleinst gewählten zeitlichen Frist ein anderer sein kann. So viel können die Verantwortlichen der Zentralbank in ihren Eingriffen nicht berücksichtigen. Verrinnt Zeit, bis sich die Verantwortlichen zu einer Entscheidung durchgerungen haben, dann können die Verhältnisse schon wieder so anders sein, dass eigentlich eine andere Entscheidung im Sinne der Intentionen sachgerecht wäre. Zudem ergeben sich Probleme bei der Berechnung einiger Güterpreisentwicklungen. Wenn es zum Beispiel um die Ermittlung der Preisentwicklung technischer Geräte relativ geringer Leistungsfähigkeit, die aus dem Handel genommen und durch das Angebot von Geräten höherer Leistungsfähigkeit ersetzt worden sind, oder um den umgekehrten Fall geht, stellt sich die schwer oder überhaupt nicht einwandfrei zu beantwortende Frage, wie die Höher- oder Niedrigerwertigkeit der neueren Produkte bei der Bestimmung einer Verteuerung oder Verbilligung mitberücksichtigt werden soll. Sachlich begründet festzulegen, in welchen Gewichtungen die vielen einzelnen Güterpreisentwicklungen in Relation zueinander in die Gesamtrate aus Inflationen und Deflationen einfließen sollen, kann bei unvollständiger Datenlage erschwert oder unmöglich sein. Alles zusammen betrachtet gibt die ermittelte Gesamtrate, von der aus die Zentralbank ihre Entscheidungen für bestimmte Maßnahmen trifft, umso weniger eine unbestreitbar angemessene, mit den aktuellen realen Verhältnissen im Währungsraum übereinstimmende Auskunft, je höher die Zahl der an der Währung teilhabenden Menschen ist, je dynamischer sich die Verhältnisse in dem Wirtschaftsraum verändern und je vielfältiger die darin gehandelten Güter sind. Greift die Zentralbank mit Maßnahmen in die Währung ein, so besteht ein Risiko, dass die Zentralbank mit ihren Maßnahmen, die die Wertentwicklung der Währung in einer bestimmten Schwankungsbreite halten oder dahin bringen sollen, ausgehend von einer falschen zugrunde gelegten Gesamtrate der Wertänderung ihr Ziel verfehlt. Ein Versagen der Maßnahmen kann sich auch daraus ergeben oder dadurch verstärkt werden, dass diese nicht sofort, sondern erst später ihre Wirkung entfalten und den Intentionen nach nicht mehr zu der dann anderen volkswirtschaftlichen Befindlichkeit passen.

Bemühungen der zuständigen Zentralbank, über Eingriffe in die Währung bestimmte Ziele zu erreichen, können zum anderen daran scheitern, dass zu viele oder zu einflussreiche Teilnehmer an der Volkswirtschaft des Währungsraumes vernachlässigbar erscheinend wenig oder keine Übereinstimmung ihrer besonderen Anliegen mit dem Verhalten der Zentralbank erkennen und in ihren individuellen Befindlichkeiten gegenläufige mikroökonomische Entscheidungen treffen, die in summa über die Eingriffe der Zentralbank dominieren oder diese absichtlich konterkarieren.

Wenn die Währung einer Interpretation der Güterpreisentwicklungen folgend entgegen dem langfristigen Trend zur Entwertung hin temporär deflationiert, man diese Entwicklung als der Volkswirtschaft schädlich betrachtet und deshalb die Geldmenge zwecks mehr Inflation auszuweiten versucht, so ist dieses Bemühen tendenziell umso aussichtsloser, je mehr die deflationäre Tendenz von Bedingungen bestimmt wird, auf die Geldpolitik wenig oder keinen Einfluss hat. Zum Beispiel können technische Innovationen dazu führen, dass handelbare Güter mit bestimmten begehrten Eigenschaften durch Güter mit den gleichen Eigenschaften, aber niedrigeren Herstellungskosten und Handelspreisen ersetzt werden. Druck auf bestimmte Güterpreise kann von internationaler Konkurrenz ausgehen. Je größer der Anteil von Produkten am Gesamthandelsvolumen der Volkswirtschaft ist, die auf Märkten nur wettbewerbsfähig sind, wenn ihre Anbieter Kosten und Preise senken, tendenziell umso aussichtsloser sind geldpolitische Versuche, die Währung zu inflationieren.

Wer bereits hoch verschuldet ist und seinen Kredit zurückführen möchte, um nicht insolvent zu werden, lässt sich nicht unbedingt durch eine tendenziell inflationsfördernde geldpolitische Maßnahme, die ihm zwecks Belebung der Volkswirtschaft den Zugang zu neuen Krediten und damit höhere Ausgaben erleichtern soll, von seinem Ziel abbringen. Wenn Konsumenten, deren Bedarf an Gebrauchsgütern zu einem bestimmten Zeitpunkt gedeckt ist, kein eigenes Interesse darin erkennen, einen Kredit aufzunehmen, um neue Gebrauchsgüter zu kaufen, dann lassen sie sich auch nicht unbedingt mit einer geldpolitischen Maßnahme, die Kredite verbilligt, dazu verleiten.

Wenn die zuständige Zentralbank Inflation und temporäre Deflation einer Papiergeldwährung nur unzulänglich in einem die Volkswirtschaft relativ schonenden Korridor halten kann, dann ist davon auszugehen, dass, je länger die Papiergeldwährung besteht, tendenziell umso eher und umso mehr das Vertrauen der an dem Währungsraum teilnehmenden Menschen in die Fähigkeiten der Zentralbank schwindet und mit dieser Desillusion auch das Vertrauen in die Papiergeldwährung dahinschmilzt. Handelt es sich um eine Monopolpapiergeldwährung, so ist den betroffenen Menschen in dem Staatsgebiet das Ausweichen zu einer oder mehreren anderen Währungen verwehrt. Je größerer Einfluss auf die volkswirtschaftliche Entwicklung der gültigen Papiergeldwährung beigemessen wird und je mehr die zum Umgang mit der einen Währung gezwungenen Menschen das Vertrauen in sie und die Zentralbank als Hüterin der Währungsstabilität verlieren, tendenziell umso mehr schwindet die Zuversicht der Teilnehmer, auf die Volkswirtschaft bauen, in ihr etwas im Sinne persönlicher Anliegen unternehmen zu können, bis schließlich die Monopolwährung zusammenbricht und der daraus für die Volkswirtschaft resultierende Schaden sein Maximum erreicht.

Wenn man der Gefahr einer solchen Beeinträchtigung der Volkswirtschaft und der daraus resultierenden Nachteile und Schäden für ihre Teilnehmer nach Möglichkeit ausweichen möchte, kommt man nicht daran vorbei, die Monopolpapiergeldwährung durch mehrere, im Staatsgebiet miteinander konkurrierende Papiergeldwährungen (andere Arten von Währungen sind nicht Gegenstand dieses Diskurses) zu ersetzen. Für die Nutzung dieser Papiergeldwährungen würden einige Regeln zentral vorzugeben sein. Die Regeln dürften alles beinhalten, was das Vertrauen der Nutzer und potenziellen Nutzer in das System der mehreren, in dem Wirtschaftsraum gültigen Papiergeldwährungen tendenziell erhöht. Die Regeln müssten den Nutzern und potenziellen Nutzern des Währungssystems so oft wie möglich so viel Freiheit wie möglich lassen, sich in Geldangelegenheiten selbst für diejenige Währung zu entscheiden, der sie individuell am meisten vertrauen. Denn persönliches Vertrauen in eine Papiergeldwährung lässt sich nicht erzwingen. Damit vereinbar wäre, zentral dirigiert eine bestimmte Währung unter den gültigen Papiergeldwährungen mit zusätzlichen vertrauenfördernden Merkmalen auszustatten, sodass Geldnutzer in dem Währungsgebiet selbstbestimmt eher dazu neigen, diese Währung gegenüber anderen Währungen zu bevorzugen. Bei Einhaltung des Regelrahmens müsste die Auswahl und Anzahl der miteinander konkurrierenden Währungen den vielen, die in dem Staatsgebiet mit Geld umgehen, vorbehalten sein. Nur zwei oder drei Währungen würden wenig Auswahl bieten. Eine größere Zahl von im Staatsgebiet unter Beachtung des Regelrahmens frei wählbaren Währungen würde stets gewährleisten, dass es dort neben einer oder mehreren in ihren Werten relativ stark verfallenden Währungen, die in Teilnehmern Zweifel an den Perspektiven ihrer jeweiligen weiteren persönlichen und der volkswirtschaftlichen Entwicklung wecken, auch eine oder mehrere nutzbare Währungen gibt, die Teilnehmer tendenziell zuversichtlich stimmen, zu Innovationen, mehr Investitionen und Konsum ermutigen, lähmende Depressivität reduzieren oder zerstreuen können.

Substituiert man die Monopolpapiergeldwährung durch mehrere, regelbasiert frei wählbare Währungen, dann ist davon auszugehen, dass diejenigen, die schuldenfrei Geldbestände halten, dazu ohne besondere Gegenargumente überwiegend die relativ wenigst inflationäre Währung wählen und Gläubiger diese Währung ebenfalls bevorzugen. Je konsequenter sich die in Geld Vermögenden so verhalten und die Gläubiger die Verwendung der relativ wertbeständigen Währung gegenüber ihren Schuldnern durchsetzen, umso sicherer macht diese Währung mehr als einen vernachlässigbaren Anteil an der Gesamtgeldmenge aller in der Volkswirtschaft miteinander konkurrierender Währungen aus. Überdies spricht zumindest die Plausibilität dafür, dass die relativ inflationsschwächste Währung am unwahrscheinlichsten diejenige ist, die mangels Vertrauen in ihre Werthaltigkeit zusammenbricht. Geht das Vertrauen in die Werthaltigkeit einer anderen wählbaren Währung verloren, so wäre dies nur der Zusammenbruch einer Teilmenge des in der Volkswirtschaft gültigen Geldes. Mit den überlebenden Währungen ließen sich ohne Unterbrechung weiter Geschäfte machen. Der sich daraus ergebende Schaden für die Volkswirtschaft und ihre Teilnehmer wäre vermutlich kleiner, als wenn mit der Monopolpapiergeldwährung die gesamte, in dem Staatsgebiet für den Umlauf zugelassene Geldmenge wertlos werden würde.

Herrscht hingegen innerhalb des langfristigen Trends zur Inflation eine zeitweilige Tendenz zur Deflation, gegen die man sich wegen ihrer die volkswirtschaftliche Entwicklung belastenden und Vertrauen mindernden Effekte zu wehren versucht, dann würde bei mehreren im Währungsraum wählbaren Papiergeldwährungen immer eine relativ wenig deflationäre Währung zur Verfügung stehen. Wer in der Deflation eine Gefahr sieht, könnte etwas dagegen tun, indem er bevorzugt eine inflationärere Währung nutzt. Je größer der Anteil der Geldsumme, mit der sich Teilnehmer deflationsschwächend verhalten, in Bezug auf die Gesamtgeldsumme im Währungsraum wäre, tendenziell umso eher würde der Deflation Einhalt geboten.

Nicht unbedingt alle an dem Währungssystem Teilhabenden trügen zu einer tendenziell stetigeren volkswirtschaftlichen Entwicklung bei, indem sie in ihren Geldangelegenheiten immer dann, wenn ihnen eine zugelassene Währung zu inflationär erscheint, zu einer deflationäreren zugelassenen Währung, wenn sie eine zugelassene Währung für zu deflationär halten, zu einer inflationäreren zugelassenen Währung greifen. Es bestünde die Möglichkeit, dass einzelne Personen oder Gruppen aus Motiven der Spekulation oder der Sabotage mit ihrem Verhalten Abläufe in dem Währungssystem stören. In solchen Situationen müsste die zuständige Zentralbank oder eine andere vorgesehene Behörde mit abwehrenden Maßnahmen und dem Ziel eingreifen können, das Währungssystem wieder dahingehend instand zu setzen, seinen Beitrag zu einer möglichst stetigen volkswirtschaftlichen Entwicklung leisten zu können. Zum Beispiel könnte vorgeschrieben werden, dass bestimmte Geschäfte nur noch bargeldlos in einer bestimmten Währung oder unter Ausschluss einer oder mehrerer benannter Währungen erfolgen dürfen. Die Maßnahmen müssten enden, sobald die Gefahr gebannt ist.

Nun in Gedanken wieder zurück zur langfristig über deflationäre Tendenzen dominierenden Inflation von Papiergeldwährungen: Angenommen, die Ausweitung der Geldmenge mit Entwertung der Währungseinheit ist bei einer für das jeweilige Staatsgebiet gültigen Monopolpapiergeldwährung tendenziell dynamischer als per saldo bezüglich der Gesamtgeldmenge im Währungsraum bei mehreren zugelassenen Währungen, weil denjenigen, die schuldenfrei über Geld verfügen wollen, bei auf das Inland begrenztem Horizont nichts anderes übrig bleibt, als sich durch die Abwertung der Monopolpapiergeldwährung schädigen zu lassen, während sich bei Ausweitung der Geldmenge in einer der Konkurrenz ausgesetzten Währung für diejenigen, die Vermögen in Geld halten möchten, sowie für Gläubiger die Möglichkeit bietet, über Geld in einer anderen, in dem Währungsraum gültigen inflationsschwächeren Währung zu verfügen beziehungsweise es Schuldnern erschwert wird, auf die Entwertung des von ihnen zurückzuzahlenden Geldes zu spekulieren. Bewertet man die tendenziell schwächere Geldentwertung von mehreren gültigen Papiergeldwährungen zusammen betrachtet als vorteilhaft gegenüber einer Monopolpapiergeldwährung, dann stellt sich die Frage, weshalb man trotz dieser Vorzüge mehrerer im Staat zugelassener Papiergeldwährungen eine einzige, für das Staatsgebiet gültige Papiergeldwährung präferieren könnte.

Wer unter mehreren im Währungsraum gültigen Papiergeldwährungen die für seine mit Geld verbundenen Anliegen jeweils geeignetste Währung wählen könnte, stünde vor der anspruchsvollen Aufgabe, in der Gegenüberstellung seiner besonderen Befindlichkeit mit den verschiedenen Währungen Anhaltspunkte zu finden, die dafür sprechen, eine bestimmte Währung den anderen Währungen vorzuziehen. Wie gut ihm dies gelänge, hinge maßgeblich davon ab, wie viele relevante Informationen in möglichst angemessener Gewichtung zueinander er einbezieht. In jedem Fall wären so viele Informationen auszuwerten, dass dies ohne Nutzung eines digitalen Informationsnetzes nicht gelingen könnte. Die zu überspringende Hürde ist aber noch höher. Verfügte der Recherchierende lediglich über ein digitales Netz der ersten Struktur, bliebe er mit relativ hoher Wahrscheinlichkeit an irgendeinem Punkt im Netz stecken, bevor er alle aktuell digital verfügbaren, für die Auswahl der Währung persönlich wichtigen Informationen wahrgenommen hat. Gegebenenfalls würde er die Vorteile mehrerer im Währungsraum gültiger Währungen nicht voll genießen können. Ist dies einer der maßgeblichen Gründe dafür, an einer Monopolpapiergeldwährung festzuhalten, dann würde dieser bei Verfügbarkeit des digitalen Netzes zweiter Struktur an Gewicht verlieren. Denn sein Nutzer hätte es erheblich leichter, beim aktuell allgemein digital verfügbaren Kenntnisstand alle für ihn persönlich relevanten Informationen in seine Entscheidung über seine Präferenz einer bestimmten Währung für einen besonderen Zweck einzubeziehen.

Angenommen, Bewerber um politische Mandate, Mandatsträger in Parlamenten und Zentralregierungen bevorzugen eine Monopolpapiergeldwährung in der Annahme, mit einer solchen eher als mit mehreren gültigen Papiergeldwährungen auch dann noch eine Gestaltungsfreiheit zu haben, für kostenträchtige öffentliche Projekte unlimitiert Ausgaben öffentlichen Geldes veranlassen zu können, wenn diese Vorhaben nur unter Inkaufnahme einer Ausweitung der Geldmenge beziehungsweise Tendenz zur Wertminderung einer Währungseinheit zu verwirklichen sind. Dann würde ihr Interesse an einer Monopolpapiergeldwährung beim symmetrischeren Regieren tendenziell zurückgehen, wenn man davon ausgeht, dass dabei Staatszugehörige in größerer Zahl und öfter mitbeeinflussen würden, wofür und in welchen Beträgen öffentliches Geld verwendet wird.

Angenommen, ohne Nutzung des *Provisoriums* bevorzugen einige Staatszugehörige und Gruppen eine Monopolpapiergeldwährung, weil sie glauben, damit leichter auch dann noch die Zustimmung zentral entscheidender Personen zur Erfüllung kostenträchtiger Begehrlichkeiten gewinnen zu können, wenn dafür öffentliche Schulden in Ausmaßen erhöht werden müssen, mit denen die volkswirtschaftliche Leistung nicht Schritt hält. Dann könnte dieser Grund für die Präferenz einer Monopolpapiergeldwährung zwar auch bei symmetrischerem Regieren fortbestehen. Aber bei Verfügbarkeit des Netzes zweiter Struktur wäre es für seine Nutzer tendenziell leichter, im eigenen Kopf zu beurteilen, ob eine schuldenfinanzierte öffentliche Ausgabe für einen bestimmten Zweck ihren jeweiligen persönlichen Anliegen voraussichtlich per saldo überwiegend zugute käme oder eher abträglich sein würde. Soweit Staatszugehörige, die ihren jeweiligen Anliegen nicht schaden möchten, ihre diesbezüglichen Möglichkeiten zur digitalen Recherche und Einflussnahme wahrnehmen würden, trügen sie dazu bei, dass schuldenfinanzierte öffentliche Ausgaben, die ihren persönlichen Anliegen, insbesondere dem Interesse an nachhaltiger öffentlicher und rechtlicher Sicherheit voraussichtlich zuwider laufen würden, eher unterbleiben; dass tendenziell weniger öffentliches Geld in mikroökonomisches Wachstum investiert wird, aus dem mit übergroßer Wahrscheinlichkeit aufgrund seiner Nebenwirkungen mikroökonomischen Schwundes an anderer Stelle kaum volkswirtschaftliches Wachstum resultieren würde. Hingegen würden sich eher öffentliche Ausgaben durchsetzen, die zur Kreditsicherung taugliche ökonomische Werte hervorbringen und damit die Grundlage schaffen, nach einiger Zeit öffentliche Schulden im Einklang mit dem volkswirtschaftlichen Wachstum ausweiten zu können. Einmal angenommen, im Effekt würden öffentliche Ausgaben insgesamt zurückgehen, weil es weniger Zwecke öffentlicher Ausgaben gibt, die bei möglichst umfassender Betrachtung per saldo zur Absicherung neuer öffentlicher Schulden taugliche Werte schaffen und auch die öffentliche wie rechtliche Sicherheit unterstützen oder zumindest nicht schwächen, als Zwecke für öffentliche Ausgaben, die mit überwiegender Wahrscheinlichkeit unter Mitberücksichtigung von unbeabsichtigten Nebenfolgen Gegenteiliges bewirken. Dann würde der Druck von einzelnen Staatszugehörigen und Gruppen auf zentral entscheidende Personen, für bestimmte Zwecke öffentliche Schulden zu erhöhen, tendenziell nachlassen. Damit würden Staatszugehörige, die glauben, mit einer Monopolpapiergeldwährung seien leichter schuldenfinanzierte öffentliche Ausgaben durchzusetzen, weniger motiviert sein, an der Monopolwährung festzuhalten.

Ließe man den Teilnehmern an der Volkswirtschaft die bedingte Freiheit, bei ihren mit Geld verbundenen Geschäften zwischen verschiedenen Währungen zu wählen, dann könnte jeder Teilnehmer mit Zugang zum Netz zweiter Struktur von seiner individuellen Befindlichkeit ausgehend,

die für ihn relevanten Güterpreisentwicklungen berücksichtigend, so oft
er mit Gütern handelt und dabei Geld fließt, sich mit seinen Geschäftspartnern im Rahmen des Regelwerkes für das Währungssystem auf eine
bestimmte zur Verfügung stehende Währung verständigen und zeitnah
ein wenig oder ein bisschen mehr geldpolitisch Einfluss nehmen. In der
Masse ihrer diesbezüglichen Entscheidungen würden die Teilnehmer der
Volkswirtschaft korrespondierend mit der Zentralbank oder einer anderen für zentral geführte Eingriffe in die Währungen zuständigen Institution auf einer addiert viel breiteren und stets aktuelleren Informationsbasis
die Wertentwicklungen der verschiedenen verfügbaren Papiergeldwährungen beurteilen und deshalb mit höherer Wahrscheinlichkeit in einem
volkswirtschaftlich erwünschten Sinne beeinflussen können, als dies
einer Zentralbank im Umgang mit einer Monopolpapiergeldwährung
möglich ist. Je konsequenter die Teilnehmer an der Volkswirtschaft bei
symmetrischerem Regieren dann, wenn sie hinsichtlich ihrer Geldangelegenheiten den Gebrauch einer gültigen, relativ inflationären Papiergeldwährung als für sich persönlich nachteilig bewerten, zu einer gültigen inflationsschwächeren Währung ausweichen, hingegen wenn sie
die Nutzung einer gültigen, relativ deflationären Währung als ihren jeweiligen Anliegen nachteilig bewerten, eine gültige deflationsschwächere
Währung präferierten, und je effizienter sich das Zusammenwirken der
vielen einzelnen Teilnehmer mit der für die zentralgeführten Eingriffe zuständigen Behörde gestaltete, tendenziell umso besser würde es gelingen,
den Zeitpunkt, zu dem die meisten oder alle Teilnehmer das Vertrauen
in die Werthaltigkeit allen in dem Währungsraum gültigen Papiergeldes
verlieren, in die fernstmögliche Zukunft zu verschieben.

Wahrnehmung individueller Grundrechte
mit dem *Provisorium*
statt Reduktion der persönlichen Geltung
auf maschinenlesbare Merkmale

Bei tendenziell zunehmender Komplexität von Daseinsbedingungen, zunehmender Aufteilung wissenschaftlicher Disziplinen in kleinere Fachgebiete und fortschreitender Arbeitsteilung auch in anwendungstechnischen Bereichen lässt die Fähigkeit der einzelnen Staatszugehörigen nach, sich eigenständig in ihrem jeweiligen Alltag zurechtzufinden. Je mehr ihnen die dazu erforderliche persönliche Übersicht verlorengeht, tendenziell umso dringlicher erscheint es ihnen, darauf eine ihre Daseinsinteressen wahrende Antwort finden zu müssen. Wenn sie nicht mehr daran glauben, die Komplexität ihrer Verhältnisse hinreichend im eigenen Kopf erfassen und beurteilen zu können, wächst ihre Neigung zu akzeptieren, von zentraler Stelle überwacht und unter Berücksichtigung von sich daraus ergebenden Daten gelenkt zu werden. Dies verwirklicht und alle oder fast alle Staatszugehörigen einbezogen, würde jeder zur Kooperation aufgefordert sein, fortwährend möglichst viele maschinenlesbare Daten über sich in Computer beziehungsweise digitale Informationsnetze einfließen zu lassen. Ganz offen würden alle Zugehörigen soweit ausgespäht, wie es Mittel der Observierung zulassen. Auf Basis der registrierten persönlichen und weiterer Daten würde jeder einzelne Erreichbare Anweisungen dazu empfangen, was er in seiner augenblicklichen Befindlichkeit tun soll. Für Staatszugehörige, die sich nicht vorstellen können, jemals mehr ohne Computer und digitale Netze leben zu können und auch keine Entflechtung bereits vorhandener komplexer Strukturen in den Daseinsbedingungen zu mehr Übersichtlichkeit um den Preis von Einbußen im Lebenskomfort hinnehmen möchten, würde die Versuchung groß sein, Bedenken hintanzustellen und sich dem Überwachtwerden wie auch den Anweisungen zu fügen.

Dies wäre allerdings eine neue Variante eines Regimes mit totalitären Merkmalen. Dem Missbrauch und der Fälschung von Daten durch kleine, schwer kontrollierbare Gruppen zu Lasten vieler würden Tür und Tor geöffnet sein. Da Menschen kaum noch in ihrer jeweiligen, über die maschinelle Erfassbarkeit hinausgehenden Einzigartigkeit wahrgenommen und respektiert würden, sondern fast nur noch in ihren digital darstellbaren Merkmalen, würden vielleicht einige hundert oder tausend Menschen mit der gleichen Kombination maschinenlesbarer Daten bloß noch als Zugehörige einer Biomasse mit übereinstimmenden besonderen Eigenschaften betrachtet werden. Die Wertschätzung des einzelnen Menschen würde in der Biomasse sinken, weil er sich in der allgemeinen Wahrnehmung durch nichts Wertvolles auszeichnet, über das die anderen in der Biomasse enthaltenen Menschen nicht auch verfügen würden.

Befänden zentral entscheidende Personen nach irgendwelchen vereinbarten Kriterien oder nach Gutdünken, dass die aus Menschen bestehende Biomasse der Definition A zu groß ist, würde man die Biomasse A um so und so viele Kilogramm oder Tonnen verringern; erschiene eine andere, ebenfalls mit Menschen bestückte Biomasse der Definition B als zu klein, unterzöge man sie einem Mastprogramm, bis sie das Soll-Gewicht aufweist. Unterdessen würde das Bewusstsein vom Wert individueller Grundrechte verblassen, womöglich absinken auf ein Niveau artgerechter Haltung nicht weit oberhalb des Tierschutzes. Ergebnisse von jahrzehntelangem Bemühen beispielsweise in der Bundesrepublik Deutschland, abgesehen von relativ wenigen rechtsstaatlich prüfbaren Sondersituationen, jedem einzelnen Zugehörigen persönliche Grundrechte in möglichst hoher Qualität zu gewährleisten, würden dahinschmelzen. Unter anderem könnte das Recht der Staatszugehörigen auf Privateigentum grundsätzlich infrage gestellt und weitgehend eingeschränkt werden. Das Recht auf Privateigentum einzuschränken bedeutet aber auch weniger Marktwirtschaft. Je weiter der Beitrag marktwirtschaftlicher Abläufe zum Regieren des Staates zurückginge, umso gewisser schrumpfte zugleich auch das Potenzial, im Interesse der internationalen Wettbewerbsfähigkeit des Wirtschaftsraumes einige weltweit begehrte öffentliche Leistungen mit größtmöglicher Effizienz bereitstellen zu können.

Ließe sich ein Regime mit totalitären Merkmalen als Ausweg aus dem Mangel vieler Staatszugehöriger, in ihren Köpfen noch hinreichend die Komplexität ihrer Daseinsbedingungen erfassen zu können, mit dem Angebot des *Provisoriums* an möglichst viele Staatszugehörige abwenden? Laien wie Experten könnten mit dem *Provisorium* ihre persönliche Kompetenz, im eigenen Kopf komplexe Daseinsbedingungen im Sinne ihrer jeweiligen Absichten zu beurteilen und daraus Schlüsse für ihr Verhalten zu ziehen, steigern. Sie würden damit tendenziell fähiger, im eigenen Kopf unter Berücksichtigung ihrer jeweiligen einzigartigen Befindlichkeit und ihrer besonderen Anliegen, die in keiner maschinenlesbaren Sprache so vollständig artikuliert werden können, Entscheidungen zu treffen. Diese Fähigkeit ist eine maßgebliche Voraussetzung für individuelle Selbstbestimmung. Ohne die Perspektive individueller Selbstbestimmung in möglichst hoher Qualität für die größtmögliche Zahl von Staatszugehörigen verfügen diese auch über keine größtmöglichen individuellen Grundrechte. Konstatiert man, dass ein Mensch unter komplexen Daseinsbedingungen mit der Nutzung des *Provisoriums* seine individuellen Grundrechte tendenziell umfänglicher wahrnehmen könnte, dann stellt sich die Frage, ob jedem seiner Sinne mächtigen Staatszugehörigen ein Rechtsanspruch auf einen Unterricht im *Provisorium* gewährt werden soll.

Digitale Überwachung

Je mehr Aufgaben und Entscheidungen für bestimmtes Handeln die Staatszugehörigen zentralisiert einigen wenigen Politikern und Funktionären in Behörden überlassen, sachbezogen begründet tendenziell umso mehr Informationen benötigen zentral entscheidende Personen über die vielen Staatszugehörigen, um deren Erwartungen erfüllen zu können. Soll der öffentlichen Sicherheit gefährliche Kriminalität bekämpft werden, benötigen die mit der Aufgabe Betrauten Informationen über Staatszugehörige, soweit dies im Hinblick auf bestimmte Inhalte und den Umfang sachlich nachvollziehbar ist. Dies schließt allerdings nicht das Verlangen zentral entscheidender Personen mit ein, Millionen Menschen weitestmöglich auszuspähen, um ihnen abgekoppelt vom Anliegen öffentlicher Sicherheit und der Gewährleistung individueller Grundrechte vorschreiben zu können, wie sie ihre Leben zu gestalten haben.

Macht der technische Fortschritt die Totalüberwachung der digitalen Kommunikation von Staatszugehörigen, die nahezu vollständige Dokumentation ihrer Bewegungen und Aufenthaltsorte bis in ihre Privatsphären hinein möglich, dann können zentral entscheidende Personen die verfügbare Technik zur Beschaffung von Informationen bei Ausbleiben übermächtigen Widerstandes nutzen, viele einzelne Staatszugehörige in ihrer Freiheit zu beschneiden, individuelle Grundrechte wahrzunehmen. Gegebenenfalls je umfassender dies geschieht, umso mehr Merkmale des Totalitären nähme der Staat an, anfällig für die Weiterreise zu einer Diktatur hin. Darauf, dass sich die mit dem Ausspähen der vielen Staatszugehörigen anschwellende Informationsflut der Beherrschbarkeit durch die Vollstrecker einer solchen Diktatur entziehen würde, könnte man sich nicht unbedingt verlassen. Hierarchisch organisiert mit Aufsehern bis hinunter zu überschaubar kleinen Wohnquartieren blieben für die meisten oder fast alle Staatszugehörigen womöglich kaum noch individuelle Freiräume übrig.

Angenommen, man will den zusätzlichen Lebenskomfort, den die digitale Technik mit sich gebracht hat, nicht mehr missen. Außerdem vorausgesetzt, die flächendeckende Überwachung der Menschen ist schon so weit fortgeschritten und findet so übernational statt, dass keine Zentralregierung, selbst wenn sie es wollte, die technisch maximal mögliche Überwachung innerhalb der Staatsgrenzen mehr unterbinden könnte. Dann gilt es, keine weiterreichende Einschränkung individueller Grundrechte als die mit der Überwachung als solcher einhergehende zuzulassen. Das symmetrischere Regieren, welches mit der Anwendung des *Provisoriums* möglich würde, könnte dies am relativ effizientesten leisten. Damit würden die vielen einzelnen Staatszugehörigen in Umfängen, wie sie das digitale Netz zweiter Struktur nutzen, tendenziell fähiger, von ihren individuellen Befindlichkeiten aus mit ihren jeweiligen Vorhaben auf die Entwicklung ihres Gemeinwesens beziehungsweise Staates und darüber hinaus in ihrem Sinne Einfluss zu nehmen. Dadurch würden die Freiheiten der Staatszugehörigen, ihre individuellen Grundrechte wahrzunehmen, tendenziell gestärkt werden. Je symmetrischer das Regieren wäre, tendenziell umso kleiner würde die Macht zentral entscheidender Personen, ausgespähte Informationen zu weiterreichenden Einschränkungen individueller Grundrechte zu verwenden. Tendenziell umso resistenter wären die Staatszugehörigen auch im Extrem eines nahezu totalen Überwachtwerdens gegen sich fortsetzendes Abgleiten der Regierung des Staates bis zur Grenze des totalitär Machbaren. Tendenziell umso eher könnten Merkmale des Totalitären als Grund für einen Mangel an internationaler Wettbewerbsfähigkeit des betreffenden Wirtschaftsraumes ausgeschlossen werden.

Geheimdienste

Wenn Menschen etwas im Geheimen tun, können Außenstehende nur schwer dessen Erfolg im Sinne bestimmter Intentionen beurteilen. Wenn im staatlichen Auftrag operierende Geheimdienste Auskünfte über ihre Aktivitäten teilweise mit der nicht ohne Weiteres widerlegbaren Begründung ablehnen, mehr Transparenz würde ihre Tätigkeit oder gar Staatsinteressen gefährden, sind diese Dienste soweit einer unabhängigen Bewertung ihrer Resultate entzogen. Dennoch lässt sich einiges mit hoher Gewissheit feststellen: Einen Teil ihrer Daseinsberechtigung beziehen Geheimdienste aus ihrer Aufgabe, Vorbereitungen zu terroristischen Anschlägen gegen den eigenen Staat aufzudecken und gegebenenfalls rechtzeitig Maßnahmen zu ihrer Unterbindung zu veranlassen oder andere dafür zuständige Stellen über den Handlungsbedarf zu informieren. Es liegt offen zutage, dass in zurückliegenden Jahren mit der Informationsbeschaffung beauftragte Geheimdienste von einigen besonders zerstörerischen Terrorangriffen wie zum Beispiel den Anschlägen auf die Zwillingstürme des World Trade Center in New York am 11. September 2001 entweder selbst überrascht wurden, oder ihre ermittelten Kenntnisse über die Vorbereitungen derselben nicht rechtzeitig an für die Abwehr zuständige Stellen im Staat weitergaben; oder dass die Geheimdienste ihre zutreffenden Informationen rechtzeitig übermittelten, woraufhin jedoch die Stellen, die einen Anschlag hätten vereiteln können, kein Erfordernis oder keine rechtliche Grundlage zum vorbeugenden Einschreiten erkannten. Dies lässt Zweifel daran aufkommen, ob der Ertrag geheimdienstlicher Informationsbeschaffung im Bereich der Abwehr von Terroranschlägen die dafür eingesetzten personellen, finanziellen und anderen Mittel rechtfertigt. Es stellt sich die Frage, ob und inwieweit Informationen, die Geheimdienste ermitteln sollten, auf andere Weise effizienter im Sinne der Vermeidung von Terroranschlägen beschafft und ausgewertet werden könnten.

Evident ist: Die vielen Millionen Menschen können addiert in ihren jeweiligen Umgebungen ohne und mit Einbezug digitaler Netze ein Vielfaches an Informationen, die durch Köpfe von Geheimdienstlern gehen, bewusst wahrnehmen. Damit kann ihnen auch ein Vielfaches an irgendwie beunruhigend Erscheinendem oder Angst Einflößendem auffallen. Die Blicke im Besonderen auf Informationen gerichtet, die im Mittelpunkt geheimdienstlicher Erkundung stehen und in digitalen Netzen verfügbar sind, kann den Millionen Menschen mehr für sie jeweils Relevantes auffallen als einigen wenigen Geheimdienstlern, die mit ihren begrenzten Kopfkapazitäten gar nicht anders können, als vieles, das für andere Menschen wichtig ist und eventuell eine existenzielle Gefahr darstellt, unbeachtet zu lassen.

Erkennt ein Geheimdienst eine Gefahr und informiert Personen darüber, die davon betroffen sein oder mit einer Entscheidung zur Eindämmung der Gefahr reagieren könnten, dann bedeutet dies noch nicht, dass die speziellen geheimdienstlich gesammelten Informationen tatsächlich zur Eindämmung der Gefahr beitragen. Denn dies hängt nun ganz davon ab, ob die Informierten die Informationen in ihre Überlegungen für bestimmtes Verhalten einbeziehen und wenn sie dies tun, sich anschließend hinreichend zielführend gefahrenmindernd verhalten. Stehen diesen Personen für ihre digitalen Recherchen zur Bewertung von Informationen und zur Vorbereitung von Entscheidungen für bestimmtes Verhalten nur Netze der ersten Struktur zur Verfügung, so ist ihnen die digitale Überprüfung der geheimdienstlichen Informationen zur Bewertung der Gefahr sowie die Ermittlung ihrer Optionen zur Gefahrenabwehr unter ungünstigsten Bedingungen gar nicht möglich. Auch in jeder günstigeren Konstellation ist dies immer noch tendenziell schwieriger und aufwendiger für sie, als wenn sie für ihre Recherchen das digitale Netz der zweiten Struktur nutzen könnten. Wer darüber verfügt, könnte darin beispielsweise Merkmale der Befindlichkeit von Personen, die vom Geheimdienst als bedroht bezeichnet worden sind, Merkmalen der vom Geheimdienst genannten Gefahrenquelle gegenüberstellen und nach übereinstimmenden Merkmalen fragen. Dann würde das Netz zweiter Struktur dem Recherchierenden im Rahmen des aktuell allgemein digital zugänglichen Kenntnisstandes gegebenenfalls auch ein Gefahrenpotenzial in der Beziehung zwischen den beiden Körpern anzeigen. Eine solche Warnung wiederum könnte der Recherchierende mit den vom Geheimdienst empfangenen Informationen im Hinblick auf Übereinstimmungen und Widersprüche vergleichen und aus einer dann eventuell umfassenderen Informationslage Schlüsse hinsichtlich der Zuverlässigkeit der Informationen ziehen. Bewertet er die Gefahr so, dass er etwas dagegen tun möchte, könnte er in dem Netz nach seinen diesbezüglichen Möglichkeiten fragen und insoweit er dabei fündig würde, sich auf dieser Informationsbasis für ein bestimmtes Verhalten entscheiden.

Aber auch ohne zuvor von einem Geheimdienst empfangene Informationen stünde es einem Anwender des *Provisoriums* frei, im Netz der zweiten Struktur nach einer Gefahr zu fahnden, die von irgendeinem Körper 2 einem Körper 1 droht, der auch er, der Recherchierende selbst sein könnte. Zeigte ihm das digitale Netz ein solches Risiko an, könnte er weiter nach Möglichkeiten recherchieren, ob und gegebenenfalls wie sich diese Gefahr reduzieren oder abwehren ließe. Gäbe es eine zentrale, für die Eindämmung der besonderen Gefahr zuständige Stelle, dann könnte er auf einen entsprechenden Hinweis im Netz hin mit dieser Stelle Kontakt aufnehmen. Für Personen dort, denen die Gefahr vielleicht noch nicht aufgefallen ist, könnte der Hinweis ein entscheidender Impuls zum Einschreiten sein.

Je mehr mit solchen Recherchen ohne Zutun von Geheimdiensten ermittelt würde und daraufhin Gefahren wirksamer begrenzt oder ausgeschlossen werden könnten, tendenziell umso weniger Situationen ergäben sich, in denen Geheimdienste verdeckt, öffentlicher Beobachtung und Aufsicht entzogen, mit der Beschaffung von Informationen beauftragt werden müssten. Tendenziell umso weniger Geld aus öffentlichen Haushalten müsste Geheimdiensten zum Zweck der Aufklärung oder Spionage zur Verfügung gestellt werden, dessen tatsächliche Verwendung sich teilweise öffentlicher Kontrolle entzieht. Über je weniger zweckentfremdbares Geld Geheimdienste verfügen, tendenziell umso kleiner ist die Gefahr, dass aus den nicht immer wirksam zu beaufsichtigenden Diensten ein geltendem Recht entzogener »Staat im Staat« entsteht.

Angenommen, Geheimdienste verschiedener Staaten müssen sich bei ihrer Spionage im Inland an geltendes Recht halten, das ihrem Handeln Schranken auferlegt, von denen sie aus inländischer Perspektive im Ausland befreit sind. Bloß dürfen sie sich im Ausland nicht bei einer Übertretung dort geltenden Rechts ertappen lassen. Außerdem angenommen, die Geheimdienste wollen sich in besonderen Situationen von den Fesseln, die ihnen das Recht in ihrem jeweiligen Inland auferlegt, nach Möglichkeit befreien. Um dies zu erreichen, pflegen sie eine Kultur der gegenseitigen Gefälligkeiten. Möchte der Geheimdienst A des Staates A etwas im Inland tun, das gegen dort geltendes Recht verstoßen würde, bittet er den Geheimdienst B des ausländischen Staates B darum, die Leistung zu erbringen, was für diesen nach dort gültigem Recht keinen Gesetzesverstoß darstellt. Gesetzt den Fall, der Geheimdienst B entspricht der Bitte, erwartet aber eine Gegenleistung. Verweigert der Geheimdienst A diese Gegenleistung, weil er damit Anliegen seines eigenen Staates gefährden oder beschädigen würde, dann riskiert er beim nächsten Mal, da er den Geheimdienst B um einen Gefallen bitten möchte, damit ebenfalls abgewiesen zu werden. Dass die Verantwortlichen der beiden Geheimdienste dann die Kooperation bevorzugen und die Schädigung von Interessen ihrer Staaten in Kauf nehmen, ist nicht immer auszuschließen. Würde sich mit dem symmetrischeren Regieren daran etwas ändern? Angenommen, man wäre seltener auf Informationsbeschaffung durch Geheimdienste angewiesen. Je weniger diesbezüglich von den Geheimdiensten erwartet würde, tendenziell umso seltener wäre Informationsermittlung Bestandteil gegenseitiger Gefälligkeiten von Geheimdiensten verschiedener Staaten. Tendenziell umso kleiner wäre das Risiko, dass die betreffenden Geheimdienste einander Informationen zum Schaden von Interessen ihres jeweiligen eigenen Staates zugänglich machen.

Medizin: Perspektiven für individuellere Heilverfahren?

Angenommen, ein Patient und Laie in Fächern der Medizin holt ärztlichen Rat zur Überwindung einer gesundheitlichen Beeinträchtigung ein. Dem Patienten wird eine Therapie empfohlen und zugleich auf ein damit verbundenes Risiko hingewiesen. Dann hat der Patient umso mehr Grund, nach einer weniger riskanten Heilbehandlung zu suchen, je größer der Schaden aus der vorgeschlagenen ärztlichen Behandlung für ihn werden könnte. Eröffnet sich dem Patienten bei Berücksichtigung von Merkmalen seiner individuellen Gesamtbefindlichkeit die Möglichkeit zur Verwirklichung eines sicherer zum gewünschten Ergebnis führenden Genesungsplans und recherchiert er digital danach, dann würde er diesen im Netz zweiter Struktur mit größerer Chance als in Netzen der ersten Struktur finden.

Soll ein Patient unter verschiedenen angebotenen Wegen der Behandlung eine eigene Wahl treffen, dann ist er tendenziell umso motivierter, sich vor seiner Entscheidung noch anderweitig über Vor- und Nachteile, Chancen und Risiken der infrage kommenden Maßnahmen zu informieren, je mehr er unter seiner Beeinträchtigung leidet oder je mehr er sich von deren möglichem weiteren Verlauf existenziell bedroht fühlt. Muss der Patient Informationen über seine Gesamtbefindlichkeit berücksichtigen, um die Therapie mit der relativ günstigsten Heilungsprognose finden zu können, empfinge er mit diesbezüglichen Recherchen im Netz zweiter Struktur eher den Hinweis auf diese Behandlung, als wenn er sich mit Netzen der ersten Struktur begnügen würde.

Wenn in der Packungsbeilage eines Arzneimittels auf mögliche, mit der Vergabe auslösbare Nebenwirkungen hingewiesen wird, sind die Wahrscheinlichkeiten für die einzelnen, das Medikament einnehmenden Menschen unterschiedlich hoch, von den Nebenwirkungen betroffen zu sein. Vielleicht kann ein Patient im Gespräch mit einem Arzt mehr über seine persönlichen diesbezüglichen Risiken erfahren. Bietet sich dem Patienten keine solche Gelegenheit oder lässt das Gespräch mit dem Arzt nach Auffassung des Patienten allzu vieles unbeantwortet, könnte dieser versuchen, sich darüber ausführlicher in einem digitalen Netz zu informieren. Hätte der Patient Zugang zum Netz zweiter Struktur und würde darin nach Übereinstimmungen möglichst vieler Merkmale seiner persönlichen Gesamtbefindlichkeit mit Merkmalen des betreffenden Medikamentes fragen, dann bekäme er tendenziell verlässlicher als bei ausschließlichem Zugang zu Netzen erster Struktur eine im Rahmen des aktuell digital allgemein verfügbaren Kenntnisstandes vollständige Auskunft über seine mit der Einnahme des Medikamentes verbundenen persönlichen Risiken und Heilungschancen. In seine Recherche könnte er auch die Frage einbeziehen, mit welcher Wahrscheinlichkeit wie individuell verträglich die Einnahme einer Kombination verschiedener Medikamente für ihn persönlich wäre. Würden ihm mögliche Nebenwirkungen angezeigt, die er vermeiden möchte, könnte er in dem Netz nach einem Medikament oder einer Kombination von Medikamenten suchen, dessen oder deren Einnahme für ihn weniger riskant beziehungsweise mit einer besseren Aussicht auf Heilung verbunden wäre. Möglicherweise würde das Ergebnis seiner Recherchen weitere Fragen aufwerfen, die eventuell Ärzte beantworten könnten. Möchte ein Patient sich ein vom digitalen Netz empfohlenes verschreibungspflichtiges Medikament beschaffen, müsste er dazu die Zustimmung eines Arztes einholen. Ob und gegebenenfalls inwieweit die Gegenüberstellung vieler Merkmale eines Menschen, die seine Persönlichkeit ausmachen, und von Merkmalen eines zur Einnahme infrage kommenden Medikamentes oder einer bestimmten Kombination von Medikamenten im Netz zweiter Struktur zusätzliche verwertbare Hinweise über die individuelle Verträglichkeit bestimmter Präparate ergäbe, könnte nur die Praxis zeigen. Vom Denkansatz her würde diese Vorgehensweise den Intentionen vorhandener Bemühungen, medizinische Behandlungen mehr auf die individuellen Bedingungen des einzelnen Patienten abzustimmen, entsprechen und noch konsequenter die diesbezüglichen Möglichkeiten auszuschöpfen versuchen.

Angenommen, von einem Patienten konsultierte Ärzte sind vor Erreichen seines als normal gesund geltenden Befindens mit ihrem Rat am Ende und der unzufriedene Patient möchte sich mit dem Ergebnis nicht abfinden. Dann verhält er sich nur konsequent, wenn er über die von seinen Ärzten für erprobenswert und verantwortbar gehaltenen Therapien hinausblickend nach einem Weg sucht, doch noch ein gesundheitlich einigermaßen zufriedenstellendes Befinden zu erlangen. Recherchiert der Patient dazu digital und findet nur bei möglichst umfassender Berücksichtigung von Merkmalen seiner individuellen Gesamtbefindlichkeit das Heilverfahren mit den relativ besten Aussichten auf Genesung, dann würde er dieses Heilverfahren eher im Netz zweiter Struktur als in Netzen der ersten Struktur finden.

Gesetzt den Fall, das gewünschte Ergebnis einer besonderen Therapie fordert vom Patienten subjektiv empfunden anspruchsvoll viel Ausdauer und Selbstbeherrschung, alle Behandlungsschritte einzuhalten. Seine Motivation durchzuhalten, könnte steigen, wenn er nicht bloß passiv Anweisungen seiner Ärzte zu befolgen versucht, sondern sich mit dem eigenen Verstand davon überzeugt, dass seine Vorgehensweise im eigenen Interesse liegt. Dann könnte es sich für den Patienten als sinnvoll erweisen, die Behandlung im Kontext seines gesamten Befindens zu bewerten, in das sich kein Arzt so umfassend wie er selbst hineinversetzen kann. Möglicherweise fehlen dem Patienten Kenntnisse über Details der besonderen Behandlung, die er sich in digitalen Netzen beschaffen kann. Würde er diesbezüglich das Netz der zweiten Struktur nutzen, dann käme er im Rahmen des aktuell allgemein digital verfügbaren Kenntnisstandes auf tendenziell kürzeren Wegen an die für ihn relevanten Informationen heran, als wenn ihm nur Netze der ersten Struktur zur Verfügung stünden. Er könnte übereinstimmende Merkmale zwischen Einzelheiten seiner Lebensgestaltung, seiner gesundheitlichen Beeinträchtigung und der medizinischen Behandlung ermitteln. Bergen bestimmte persönliche Verhaltensweisen die Gefahr einer Verschlechterung seines Befindens beziehungsweise eine ungünstige Prognose für den Behandlungserfolg in sich, würde ihm dies im Rahmen des allgemein verfügbaren Kenntnisstandes angezeigt. Gegebenenfalls je größer ihm das Risiko einer fortschreitenden gesundheitlichen Beeinträchtigung durch bestimmtes Verhalten und des Misslingens der medizinischen Behandlung erscheinen würde, tendenziell umso motivierter wäre er, dieses Verhalten nach Möglichkeit zugunsten seines gesundheitlichen Wohlbefindens zu ändern. Bei inneren Zielkonflikten würde er sich eventuell leichter dazu überwinden, der Therapie beharrlich genug den für seine Genesung notwendigen Rang einzuräumen.

Umweltschutz
mit millionenfach individuell fokussierter Aufmerksamkeit

Daniel Wetzel (Tageszeitung Die Welt): »*Herr Hertwig, kennen Sie Herfa-Neurode?*«
Ralph Hertwig: »*Herfa – wie bitte? Nie gehört.*«
Wetzel: »*Ein Ort in Nordhessen. Dort lagern in Fässern und Blechcontainern 2,7 Millionen Tonnen Gift: Arsen, Cadmium, Cyanid, Dioxine, Quecksilber. In einem alten Salzbergwerk. Und jedes Jahr kommen 200000 Tonnen hinzu. Es ist der giftigste Ort der Erde. Die Öffentlichkeit nimmt von seiner Existenz keinerlei Notiz. Umweltschützer scheren sich auch nicht groß um die Sicherheit dieses Salzstocks. Über Gorleben als Atomendlager hingegen reden wir uns 40 Jahre lang die Köpfe heiß und kommen noch immer zu keiner Entscheidung. Woher kommt dieser Unterschied in der Wahrnehmung möglicher Gefahren?*"*
Hertwig: »*Es gibt eine Vielzahl von Risikoquellen, die um unsere Aufmerksamkeit konkurrieren. Letztendlich können wir nicht umhin, eine Auswahl zu treffen. Keiner von uns ist in der Lage, allen möglichen Risikoquellen unsere volle Aufmerksamkeit zu schenken – es geht immer um einen Auszug aus einer auch sozial konstruierten Wirklichkeit.*« (10)

Damit ließe sich das Kapitulieren unserer Zivilisation vor der Zukunft erklären. Spannender, weil am Bewahren und Erweitern von Gestaltungsfreiheiten orientiert, erscheint es, der Frage nach besserem Schutz unserer Lebensgrundlagen vor Gefahren aus Umweltbedingungen nachzugehen, die von Menschen miterzeugt werden können.

Menschen müssen in die Verhältnisse ihrer Umgebung eingreifen, um existieren zu können. In ihren individuellen Befindlichkeiten können sie sich teilweise darin unterscheiden, mit welchen Umweltbedingungen sie eher schlecht oder gut zurechtkommen. Immer nur von menschlichem Verstand aus können sie bestimmte Umweltbedingungen begreifen, bewerten und entscheiden, wie sie sich dazu im Einzelnen verhalten möchten. Sie können teilweise unterschiedlicher Meinung sein, was in ihrer Umwelt geschont oder gefördert und was vernachlässigt, geschädigt oder zerstört werden sollte.

Umweltbedingungen sind immer Teil eines größeren Ganzen. Ihre Einblicke da hinaus zu erweitern und zu vertiefen, kann Menschen technisches Gerät zur Beobachtung und Analyse dienen. Doch wie Menschen besondere Umweltbedingungen wahrnehmen, deren Zusammenhänge und Bedeutungen beurteilen, wird immer von ihrer Kompetenz mitbestimmt und begrenzt, den Gegenstand, um den es ihnen gerade geht, in möglichst allen für ihre jeweiligen Vorhaben relevanten Aspekten im eigenen Kopf zu erfassen. Je mehr es einem einzelnen Menschen daran mangelt, seine persönliche Befindlichkeit und seine Anliegen in ihren Bezügen zur Komplexität seiner Umwelt zu begreifen, tendenziell umso unwahrscheinlicher erkennt er in bestimmten Umweltbedingungen eine vorhandene Bedrohung für seine Existenz. Tendenziell umso unwahrscheinlicher durchschaut er nach der Wahrnehmung eines persönlichen Bedrohtseins, ob ihm Optionen offenstehen, die besondere Gefahr einzudämmen. Hingegen je kompetenter ein Mensch darin ist, die Komplexität seiner Umwelt in den für seine persönliche Existenz relevanten Merkmalen zu erfassen, tendenziell umso eher registriert er ein vorhandenes Risiko, durch bestimmte Umweltbedingungen Schaden zu erleiden. Tendenziell umso eher begreift er auch gegebene persönliche Möglichkeiten, gegen die Gefahr vorzugehen.

Für denjenigen, der eine menschenzukunftsrelevante Gefahr wie auch Möglichkeiten persönlicher Einflussnahme darauf erkennt, gilt: Je mehr er eigene Anliegen von der Gefahr bedroht sieht, tendenziell umso eher versucht er das Risiko zu mindern, auch wenn er andere Wünsche dafür hintanstellen oder aufgeben muss. Je geringer hingegen er das Schadenspotenzial für sich einschätzt, tendenziell umso eher räumt er im Falle eines Zielkonfliktes mit anderen persönlichen Anliegen diesen die Priorität ein und nimmt dafür die Beeinträchtigung der besonderen menschenzukunftsrelevanten Umweltbedingungen in Kauf. Tendenziell umso mehr kommt es im Interesse der Bewahrung und Stärkung bestimmter menschenzukunftsrelevanter Umweltbedingungen darauf an, dass deren Schutz nicht allein von zentral entscheidenden Personen und wenigen anderen, die diesbezügliche Schlüsselpositionen innehaben, bestimmt wird, da diese die bestimmten Umweltbedingungen nicht für alle Menschen gleichermaßen gültig beurteilen; dass möglichst viele Menschen in ihren individuellen Befindlichkeiten unabhängig voneinander die Bedeutung der verschiedenen menschenzukunftsrelevanten Umweltbedingungen für sich in Relation zu anderen persönlichen Anliegen beurteilen und das Ergebnis dieser Bewertung in ihre Entscheidungen für ihr individuelles Verhalten einbeziehen.

Von zahlreichen Quellen und noch mehr Kombinationen von Quellen können Einflüsse auf Menschen ausgehen. Darunter sind Einflüsse, die menschliche Existenz ermöglichen oder begünstigen, wie auch solche, die menschliches Dasein beeinträchtigen oder zunichte machen können. Menschen in ihren individuellen Befindlichkeiten können von ähnlichen Einflüssen unterschiedlich betroffen sein. Die Bedingungen, in denen diese Einflüsse wirksam sind, wandeln sich permanent. Je dynamischer sich dieser Wandel vollzieht, insbesondere durch den Zuwachs der auf der Erde gleichzeitig lebenden Menschen sowie durch ihre zunehmenden zivilisatorischen Eingriffe verstärkt wird, tendenziell umso schwieriger ist es nicht nur für Laien, sondern auch für Experten, in diesem offenen System einen bestimmten Wirkungszusammenhang nachzuweisen. Tendenziell umso ungewisser sind die Aussichten, auf Basis der Vermutung eines bestimmten Wirkungszusammenhangs ein Geschehen, das Lebensgrundlagen von Menschen abträglich ist oder werden könnte, mit den geeigneten Mitteln einzudämmen oder unterbinden zu können.

In Bereichen des Schutzes menschenzukunftsrelevanter Umweltbedingungen qualifizierte Wissenschaftler und anwendungstechnische Experten sind wie alle anderen Menschen in ihren geistigen Kapazitäten beschränkt, müssen deshalb aus zahlreichen verfügbaren Informationen über Umweltbedingungen nicht bloß auswählen, welche davon sie als relevant für bestimmte Lebensgrundlagen betrachten, sondern auch welchen diesbezüglich relevanten Informationen sie mehr Aufmerksamkeit zuwenden als anderen. Darüber können Experten – insbesondere dann, wenn ihr Zugang zu digitalen Netzen auf solche der ersten Struktur beschränkt ist – untereinander auch kontroverse Meinungen vertreten, ohne zu einer übereinstimmenden Bewertung zu gelangen.

Je häufiger öffentlich bekannt wird, dass sich Wissenschaftler hinsichtlich der Bewertung von Umwelteinflüssen, die Lebensgrundlagen von Menschen beeinträchtigen, mit ihren Analysen und Empfehlungen zur Gegenwehr geirrt, oder davon ausgehend, dass doch niemand die komplexen Verhältnisse durchschaut, aus wissenschaftsfernen Motiven wie der Unterstützung spezieller Interessen von Güterproduzenten relevante Daten ignoriert oder gefälscht, je mehr Organisationen mit Zielen des Umweltschutzes und Publizisten die irreführenden Ansichten verbreitet haben, tendenziell umso größer werden die Zweifel in der Bevölkerung am öffentlich propagierten Umweltschutz. Tendenziell umso eher sind unter Millionen Laien solche, die Äußerungen von Experten zu Angelegenheiten des Umweltschutzes generell das Vertrauen entziehen, weil Laien den Unterschied zwischen diesbezüglich bodenlosen Behauptungen und sachlich zutreffenden Äußerungen nicht immer ohne Weiteres erkennen.

Angenommen, die meisten existierenden Menschen stimmen dennoch grundsätzlich in dem Wunsch überein, dass Umweltbedingungen, die Grundlagen ihres Daseins sind, bewahrt und gefördert, nicht beeinträchtigt oder zerstört werden sollten. Politiker machen sich diese Anliegen zu eigen. Doch die Umweltbedingungen sind zu komplex, als dass sie irgendwer in seinem eigenen Kopf vollständig erfassen und beurteilen könnte. Deshalb ist die Versuchung für einen Politiker, dem bei seinen digitalen Recherchen zur Vorbereitung von Entscheidungen für bestimmtes Verhalten nur digitale Informationsnetze der ersten Struktur offenstehen, groß, sich die Verhältnisse einfacher vorzustellen, als sie sind. Gegebenenfalls schließt er sich möglicherweise gerne einem Chor von Meinungsmachern und Experten an, denen die reale Welt auch zu komplex ist und die sich deswegen beispielsweise darauf verständigt haben, dass das Freisetzen eines ganz bestimmten Stoffes verantwortlich für eine drohende, menschliches Leben auf der Erde erschwerende Erwärmung der Erdatmosphäre sei. Daraus lässt sich die politische Forderung formulieren, die Freisetzung dieses bestimmten Stoffes zu verringern, wo immer Menschen dazu in der Lage sind. Je größer die Zahl der Experten ist, die dieser Forderung zustimmen, und je mehr Medien unterstützend darüber berichten, tendenziell umso eher steigt die Zahl der daran Glaubenden. Angenommen, sie glauben insoweit zurecht daran, dass der bestimmte Stoff unter bestimmten Bedingungen zu einer Erwärmung der Erdatmosphäre beitragen kann. Doch damit wird das Faktum nicht beseitigt, dass unsere Umweltbedingungen Teil des Kosmos, eines offenen Systems mit vielen Unwägbarkeiten sind; dass es viele Stoffe und Korrespondenzen zwischen Stoffen gibt, die alle zusammen bestimmte Temperaturen der Erdatmosphäre hervorbringen; dass die Veränderung, Zunahme oder Reduktion eines bestimmten Stoffes zwar Bedingungen in einem definierten Raum und darüber hinaus beeinflusst, aber die in unserer Lebenswelt enthaltene Komposition aller stofflich teilweise unterschiedlichen Körper in ihren besonderen quantitativen Relationen zueinander durch

Verstärkungen und Schwächungen ihrer Einflüsse untereinander sowie darüber hinaus per saldo andere Resultate hervorbringt. Je mehr Körper das, was in dem Raum geschieht, beeinflussen und je mehr verschiedene andere Stoffe in den Körpern enthalten sind, umso wahrscheinlicher sind auch Körper mit solchen anderen Stoffen darunter, die Temperaturen der Erdatmosphäre ebenfalls beeinflussen. Die Einflüsse all dieser anderen Stoffe kommen in der Forderung und dem Projekt der Politiker, ihrer Berater und Anhänger entweder gar nicht oder nur unzulänglich, in keiner den Gegebenheiten angemessenen Gewichtung vor. Vielleicht entwickeln sich die Temperaturen der Erdatmosphäre für Menschen erträglich oder sogar zu günstigeren Bedingungen hin. Dann wäre dies aber nicht unbedingt das Verdienst wissenschaftlich fundierten Vorgehens, sondern eher einem Glück zu verdanken. Glück ist etwas, worauf relativ wenig Verlass ist.

Je häufiger Politiker und ihre Anhänger behaupten, etwas für die nachhaltige Bewahrung und Förderung von existenziell wichtigen äußeren Grundlagen des Daseins von Menschen tun zu wollen und sich später herausstellt, dass sie bloß bei verengtem Blick etwas im erklärten Sinne bewirken, durch ihr Verhalten in anderer, ausgeblendeter Sicht für Menschen relevante Lebensgrundlagen zusätzlich belasten, tendenziell umso eher wächst unter immer mehr Menschen das Bedürfnis heran, leichter auf Basis des aktuell allgemein digital verfügbaren Kenntnissstandes so umfassend wie möglich für sich selbst ermitteln und beurteilen zu können, was ein politisch diskutiertes oder propagiertes Vorgehen im Hinblick auf den Schutz von menschenzukunftrelevanten Umweltbedingungen bewirken, ob per saldo der Nutzen den Schaden oder der Schaden den Nutzen und um wie viel überwiegen könnte.

Sollen bestimmte, existenziell wichtige Umweltbedingungen effizienter geschont oder gefördert werden und das damit einhergehende Risiko kontraproduktiven Eingreifens reduziert werden, müssen möglichst viele Menschen in ihrer jeweiligen individuellen Befindlichkeit auf die Bewahrung oder Herbeiführung dieser Umweltbedingungen achten. Darum bemühen sich bereits viele. Allerdings können sie dies auch bei großem persönlichem Engagement nicht so effizient tun, wenn sie hinsichtlich ihrer Recherchen in digitalen Netzen allein auf disziplinär-interdisziplinär aufbereitete Informationen beschränkt sind, wie wenn ihnen das *Provisorium* zur Verfügung stünde. Zwar würden auch bei Verfügbarkeit des digitalen Netzes zweiter Struktur Umweltbedingungen niemals so genau zu analysieren und zu beeinflussen sein, dass von ihnen ganz sicher keine Beeinträchtigung unserer Lebensgrundlagen ausgeht. Doch könnte mit der Anwendung des *Provisoriums* das Menschen absolut verfügbare Potenzial zur Eindämmung oder Unterbindung von Schädigungen daseinswichtiger Umweltbedingungen effizienter ausgeschöpft werden. Wer das *Provisorium* nutzt, würde im Netz der zweiten Struktur recherchieren, was für übereinstimmende Merkmale zwei Körper – einerseits ein bestimmter Mensch, andererseits bestimmte Umweltbedingungen – aufweisen. Dabei würde sich im Rahmen des in dem Netz aktuell verfügbaren Kenntnisstandes auch herausstellen, ob der bestimmte Mensch und die besonderen Umweltbedingungen das Potenzial einer gemeinsamen Beziehung haben, ob und wenn ja, in welcher Weise der eine den anderen Körper in seiner Existenz stärken oder schwächen könnte. Auf den Hinweis eines möglichen Schadens für den Menschen hin ließe sich im Rahmen des aktuell allgemein verfügbaren Kenntnisstandes im Netz ermitteln, ob der Gefährdete etwas zur Verringerung seines Risikos tun könnte. Träfe dies zu und wäre der Recherchierende selbst gefährdet, dann würde er tendenziell umso eher das empfohlene Vorgehen zur Schadensabwehr befolgen, je mehr er sich bedroht fühlt und je leichter er die Empfehlung verwirklichen kann. Wäre ein anderer Mensch gefährdet und dem Recherchierenden dessen besserer Schutz ein besonderes Anliegen, dann würde dieser im digitalen Netz weiter nach Hinweisen auf Möglichkeiten suchen, wie er selbst zur Risikominderung für den Gefährdeten beitragen könnte. Würde er diesbezüglich fündig, dann befolgte er die Verhaltensempfehlung tendenziell umso eher, je mehr ihm die unbeschadete Existenz des Gefährdeten wert ist.

Der Recherchierende würde immer nur Informationen zu seinen Fragen nach übereinstimmenden Merkmalen der beiden bestimmten Körper empfangen. Je genauer er jeden von ihnen mit maschinenlesbaren Merkmalen beschriebe, tendenziell umso situationsspezifischer und deshalb überschaubarer wäre die Menge der Informationen zu übereinstimmenden Merkmalen, die der Recherchierende empfängt und zu bewerten hat, und tendenziell umso eher würde er dieser Aufgabe gewachsen sein. Der Recherchierende könnte auch Hinweise empfangen, die genau so vielleicht niemandem sonst zugehen. So individuelle Hinweise aus dem Netz der zweiten Struktur könnten im Rahmen des aktuell digital allgemein verfügbaren Kenntnisstandes die relativ effizienteste Eindämmung einer individuellen Gefahr für existenziell relevante Grundlagen eines bestimmten Menschen beschreiben und die Möglichkeiten disziplinärwissenschaftlich basierter beziehungsweise interdisziplinärer Herangehensweisen überschreiten. Je mehr Menschen auf der Erde von ihren jeweiligen individuellen Befindlichkeiten aus im Netz der zweiten Struktur nach Hinweisen über mögliche Beeinträchtigungen von Bedingungen menschlicher Lebensgrundlagen sowie gegebenenfalls über mögliche Maßnahmen zur Eindämmung der Beeinträchtigungen suchen und daraufhin im Rahmen ihrer jeweiligen Möglichkeiten diesbezügliche Verhaltensempfehlungen befolgen würden, tendenziell umso überlegener wären sie addiert der diesbezüglichen Kompetenz allein von Experten, die kleiner an Zahl mit ihren addiert kleineren geistigen Kopfkapazitäten zusammen nur einen Bruchteil an Aufmerksamkeit für die vielgestaltigen, menschliche Lebensgrundlagen stärkenden oder schwächenden Umweltbedingungen aufzubringen vermögen.

Dies bedeutet nicht, ohne Gefahr von Einbußen im Ergebnis auf die Mitwirkung sachspezifisch ausgebildeter Experten verzichten zu können. Sie würden weiterhin zur professionell systematischen Beobachtung und Messung von Umweltbedingungen, zur digitalen Aufbereitung und möglichst schnellen Veröffentlichung ermittelter relevanter Daten sowie als Koordinatoren zentral geführter Maßnahmen benötigt. Ginge es um Eingriffe von zentraler Stelle des Staates in menschenzukunftrelevante Umweltbedingungen, würden diesbezüglich kompetente Spezialisten nach bestimmten Vorgaben darüber entscheiden, wobei sie sich einerseits auf Informationen aus Expertenkreisen, andererseits auf die von den Millionen Laien im Netz zweiter Struktur publizierten Informationen zu menschenzukunftrelevanten Umweltbedingungen stützen würden. Diese Spezialisten würden für ihre Recherchen meistens das Netz der zweiten gegenüber Netzen der ersten Struktur bevorzugen. Jeder Nutzer des Netzes zweiter Struktur, dem eine Beeinträchtigung von menschenzukunftsrelevanten Umweltbedingungen auffiele, würde die Möglichkeit haben, sich an die für bestimmte Eingriffe zuständige zentrale Stelle zu wenden, wo nach einem vorgeschriebenen, möglichst transparenten Verfahren über Gegenmaßnahmen entschieden würde. Je bedeutsamer eine bestimmte Art von Beeinträchtigung durch Umweltbedingungen für Menschen wäre, je mehr Hinweise darauf bei einer dafür zuständigen zentralen Stelle eingehen würden, je weniger die einzelnen belasteten Personen beim aktuell allgemein digital verfügbaren Kenntnisstand selbst gegen die Beeinträchtigung tun könnten, tendenziell umso prioritärer müssten die zentral tätigen Experten ihre Möglichkeiten ausschöpfen, gegen diese Beeinträchtigung vorzugehen. Wüsste man beim aktuell verfügbaren Kenntnisstand von keinen entsprechenden Optionen oder erschienen diese als zu wenig Erfolg versprechend, dann würde dies möglicherweise Bemühungen um sachbezogen umfassendere Einsichten und die Suche nach Wegen zur Linderung oder Überwindung des besonderen Problems auslösen. Nicht nur um aus Anlass eines besonderen zu bewältigenden Problems, sondern um permanent mehr Erkenntnisse über Einflüsse spezifischer Umweltbedingungen auf Menschen bestimmter Merkmale zu gewinnen, wären weiterhin sachspezifisch kompetente Wissenschaftler unverzichtbar. Diese könnten zwischen der zweiten und der ersten Struktur hin und her pendeln, je nachdem wo sie gerade die größere Chance vermuten, mehr Einsichten in ihren Gegenstand zu gewinnen.

Je mehr Menschen das *Provisorium* für sich nutzen würden und je gleichmäßiger sie einerseits als Laien, andererseits als Experten in Angelegenheiten menschenzukunftsrelevanter Umweltbedingungen relativ zu den regionalen Bevölkerungszahlen über die Erde verteilt wären, tendenziell umso eher genügte ihre addierte geistige Kopfkapazität, um im Rahmen des aktuell allgemein digital verfügbaren Kenntnisstandes die unterschiedlichen, von Menschen eindämmbaren Gefahren für die daseinssichernden Umweltbedingungen zu beachten und zugleich das angemessene Verständnis für den Ernst eines erkannten Problems in einer regionalen Bevölkerung zu finden, unabhängig davon, wo auf der Erde eine Gefahrenquelle als solche erkannt wird. Je mehr Anwender des *Provisoriums* die ihnen zugehenden Hinweise zur Vermeidung von menschenzukunftsrelevant umweltschädlichem Verhalten befolgen würden, tendenziell umso wahrscheinlicher könnten der Menschheit per saldo die betroffenen Lebensgrundlagen erhalten bleiben.

Nicht nur hinsichtlich eines besonderen Gegenstandes als Experten Ausgewiesene, sondern auch Laien, die sich allein oder in Gruppen, als Politiker oder Publizisten für menschenzukunftrelevant günstige Umweltbedingungen einsetzen möchten, hätten mit dem *Provisorium* eine zusätzliche Möglichkeit, diesbezügliche Aussagen im Netz auf ihre sachliche Verlässlichkeit hin zu überprüfen. So ließen sich Laien tendenziell seltener von Meinungsbeeinflussern mit Behauptungen, die sich im Nachhinein als sachlich unhaltbar erweisen, obwohl man dies bei besserer Befähigung zur Informationssuche schon zuvor hätte ermitteln können, in die Irre führen.

Je nachdem, was ein Mensch vorhat, kann sein Anspruch, für sich allein im Einklang mit der Bewahrung bestimmter Umweltbedingungen zu handeln, die Grundlagen menschlichen Daseins darstellen, schon schwer erfüllbar sein und ungünstigenfalls in einem Gefühl der Ohnmacht enden. Aber er tut sich tendenziell leichter, dabei seine Möglichkeiten auszuschöpfen als ein national oder regional zentralregierender Politiker, auf den viele unkoordinierte, vom Schutz unserer Lebensgrundlagen teilweise abgekoppelte Wünsche von Staatszugehörigen einströmen, und der die Wünsche so gut es geht, dazu noch in bestimmten Hinsichten umweltschonend erfüllen möchte. Denn ein zentralregierender Politiker muss mit seiner begrenzten geistigen Auffassungsgabe ständig mehr eigentlich im Rahmen seiner Aufgabe sachrelevante Informationen als ein nur für sich selbst Verantwortlicher vernachlässigen. Je mehr an sich herangelassene Informationen ein zentralregierender Politiker zu bewerten hat, tendenziell umso eher unterschätzt oder überschätzt er die Relevanz bestimmter Informationen für seine Entscheidungen. Dann erfüllt er einige an ihn herangetragene Wünsche, ohne Rücksicht auf bestimmte menschenzukunftsrelevante Umweltbedingungen zu nehmen, und versucht, in anderen punktuellen Hinsichten bewusst auch etwas für den Schutz menschenzukunftsrelevanter Umweltbedingungen zu tun. Nur unzulänglich gelingt es ihm, die Erfüllung an ihn herangetragener Wünsche und den menschenzukunftrelevanten Umweltschutz miteinander zu vereinbaren. Entsprechend weit entfernt ist er davon, die Erfüllung der verschiedenen Wünsche zugunsten des menschenzukunftrelevanten Umweltschutzes gleichgerichtet zu akkumulieren.

Bei Anwendung des *Provisoriums* wäre es leichter, in Entscheidungen für bestimmtes Verhalten umfassender einzubeziehen, wie sich ein bestimmtes Vorgehen auf Umweltbedingungen, die für menschliche Lebensgrundlagen wichtig sind, auswirken könnte. Je mehr Staatszugehörige sich des *Provisoriums* bedienen würden und in ihren Entscheidungen für bestimmtes Verhalten mögliche Nebenfolgen für Umweltbedingungen, die für Lebensgrundlagen von Menschen bedeutsam sind, mitberücksichtigen möchten, tendenziell umso eher reichte ihre addierte Aufmerksamkeit dafür aus. Je mehr Staatszugehörige das *Provisorium* nutzen, je intensiver sie dies tun und die ihnen digital zugehenden Hinweise in ihrem Verhalten berücksichtigen würden, tendenziell umso mehr schöpften sie ihre Möglichkeiten aus, etwas in ihrem Sinne selbst zu bewirken, das sie ohne Nutzung des *Provisoriums* als Forderung an Politiker herantragen würden. Tendenziell umso mehr Wünsche könnten sie ohne Zutun national oder regional zentralregierender Politiker und Behörden erfüllen, was diese entsprechend entlasten würde. Je mehr Staatszugehörige das *Provisorium* nutzen und auf dieser Basis die Bewahrung von menschenzukunftsrelevanten Umweltbedingungen in ihr jeweiliges Verhalten einbeziehen würden, tendenziell umso mehr Wünsche, die sie an zentralregierende Politiker richten, würden die Fordernden vorher aus ihrer jeweiligen individuellen Befindlichkeit und Perspektive auf deren Vereinbarkeit mit menschenzukunftsrelevanten Umweltbedingungen geprüft haben. Je konsequenter die Fordernden sich daran hielten, nur damit Vereinbares von den zentralregierenden Politikern zu verlangen, tendenziell umso leichter wäre es für diese und exekutive Personen, an sie adressierte Wünsche im Einklang mit den für wertvoll gehaltenen Lebensgrundlagen zu erfüllen.

Als noch höher können sich die Anforderungen an zentralregierende Politiker erweisen, international eine Vereinbarung zu treffen, in der sich alle Beteiligten für ihre Staaten dazu verpflichten, eine staatenübergreifende Gefährdung von menschenzukunftsrelevanten Umweltbedingungen einzudämmen, wenn die miteinander Verhandelnden jeweils staatsintern unter Druck stehen, von der Bewahrung menschenzukunftsrelevanter Umweltbedingungen abgekoppelte Wünsche von Staatszugehörigen zu erfüllen. Je mehr unterschiedliche Interessen dabei aufeinandertreffen, tendenziell umso nützlicher könnte die Anwendung des *Provisoriums* auf die oben gezeigte Weise auch im Hinblick auf inter- oder übernationale Vereinbarungen zum Schutz bestimmter menschenzukunftsrelevanter Umweltbedingungen sein.

Die Nutzung des Netzes zweiter Struktur würde Konkurrenten
um die Vorherrschaft ihres jeweiligen Modells
von einem »Gottesstaat« die Begründung erschweren

In einer noch relativ wenig von Menschen erforschten Welt war die Bedeutung religiöser Anschauungen für das Zustandekommen wissenschaftlichen Denkens in Teilen groß, weil man in vielen Hinsichten schneller zu religiösen als zu wissenschaftlich begründeten Deutungen bestimmter Phänomene gelangte, es dem gegenüber auf der Suche nach zusätzlichen wissenschaftlichen Einsichten erst allmählich immer mehr für gültig befundene Erkenntnisse gab, an denen man sich orientieren, an die man anknüpfen konnte. Bis in die Gegenwart hinein lugt in der Forschung zwar immer noch manchmal eine Art religiöser Neugier hervor – zum Beispiel da, wo Wissenschaftler den Urgrund des Kosmos aufzudecken versuchen. Doch mit dem Zuwachs wissenschaftlicher Erkenntnisse und Deutungen bestimmter Phänomene des Kosmos stützten sich immer mehr Forschungen nur noch auf zuvor wissenschaftlich Ergründetes und auf keine religiösen Ansichten mehr, sodass die Forschung in vielen Bereichen und Aspekten zumindest dem oberflächlichen Anschein nach keinen Bezug zur Religiosität mehr kennt. Gibt es zum genaueren wissenschaftlichen Begreifen des Kosmos nur die disziplinären beziehungsweise interdisziplinären Herangehensweisen, dann ist es auch relativ schwer, daraus hervorgehende Deutungen von Phänomenen mit religiösen Anschauungen zu verbinden. Konstatiert man einen störenden Mangel an Bezug zwischen religiösen Anschauungen und wissenschaftlichen Deutungen des Kosmos, dann stellt sich die Frage, wie dieser Mangel behoben werden könnte.

Wissenschaftliche Disziplinen teilen das genauere Erforschen bestimmter Ausschnitte und Aspekte des Kosmos untereinander auf und sind nicht darauf aus, etwas vom ganzen Kosmos zu entdecken, das Inhalt **jeder** Disziplin wäre, die den Kosmos in irgendeiner Hinsicht genauer zu begreifen versucht. Dies wäre aber Bedingung dafür, wissenschaftliches Denken der Einsicht öffnen zu können, dass es hinter dem Kosmos ein wissenschaftlich undurchdringliches Geheimnis gibt, sodass wissenschaftliches Deuten des Kosmos an einer Stelle religiöse Anschauungen, die das Reflektieren über den ganzen Kosmos einschließen, berühren kann. Nur wenn dieser Blick im wissenschaftlichen Denken freigesetzt wird, existieren beide Arten von Interpretationen unserer Welt nicht länger weitgehend bezugslos nebeneinander.

Ist dies bloß eine Gedankenspielerei? Oder was würde es bringen, wissenschaftliches Denken und religiöse Anschauungen klarer aufeinander beziehen zu können? Wenn ein Mensch mit persönlichem Bedürfnis nach Religiosität sein geistiges Sichhinwenden zu dem mit Gott identisch gedacht, grundsetzend Schöpfenden des Kosmos nicht auf wissenschaftlich basiertes Begreifen von bestimmten Phänomenen des Kosmos bezieht, ist es ihm möglich, in Gott das Gute zu denken, mit dem er sich gerne identifiziert, und mit wissenschaftlich begründeten Deutungen des Kosmos sowie daraus hervorgehender Anwendungstechnik das von Gott getrennte, verdammens- und bekämpfenswert Böse zu assoziieren, wofür dem Menschen die subjektiv erfahrene Unzulänglichkeit seines Daseins und des um ihn herum Beobachteten Argumente liefern. Menschen mit einer solchen Weltsicht können sich verbünden und auf dieser Basis einen »Gottesstaat« anstreben. In dessen Vollendung würden die von Gott abgewandten Mächte, die für die Wissenschaft und daraus hervorgehende Anwendungstechnik verantwortlich sind, besiegt sein. Wenn dieser Sieg mit Waffen errungen wird, die es ohne vorangegangene wissenschaftliche Erkenntnisse nicht gäbe, stören die Kämpfer sich nicht unbedingt daran.

Eine solche Einstellung ist nicht nur für Menschen attraktiv, die relativ unabhängig von den Annehmlichkeiten menschengemachter, auf Wissenschaft basierender Technik existieren möchten oder müssen. Je unübersichtlicher einem Menschen, der unter ausgeprägt wissenschaftsbasierten Daseinsbedingungen existiert, immer mehr Ergebnisse disziplinärer Wissenschaftszweige erscheinen, je weniger übereinstimmende Aussagen er darin erkennt, die dem eigenen Kopf Halt im Dasein bieten könnten, je unzufriedener er damit ist, tendenziell umso eher sucht er nach beständigerer Orientierung im weiten Feld der Religiosität. Je weniger Menschen die Funktionsweise bestimmter technischer Geräte, die sie nutzen oder von deren Einsatz sie in irgendeiner Weise betroffen sind, im eigenen Kopf begreifen, je mehr sich Menschen einfach darauf verlassen, dass bestimmte technische Geräte den von Experten versprochenen oder erwarteten Zweck erfüllen, je häufiger diese technischen Geräte dann versagen und je verheerender die daraus resultierenden Schäden sind, tendenziell umso eher wenden sich die enttäuschten Menschen – individuell unterschiedlich konsequent, im Extrem so pauschal wie eben möglich –, von wissenschaftsbasiert anwendungstechnischen Errungenschaften ab. Tendenziell umso offener werden sie für religiöse Anschauungen, die den wissenschaftsbasierten Errungenschaften den Kampf ansagen. So können auch Menschen, die zunächst wissenschaftsbasiertes Denken verinnerlicht haben, zu einer religiös motiviert feindlichen Haltung dem wissenschaftsbasierten Begreifen und Gestalten unserer Welt gegenüber mutieren. Die Bezugslosigkeit zwischen den Inhalten, mit denen sie ihre Religiosität anfüllen, und ihrem wissenschaftsbasierten Begreifen des Kosmos kann sie dazu bewegen, abgehoben von aller an den Gegebenheiten menschlichen Daseins orientierten wissenschaftlichen Betrachtung, ihrer religiösen Fantasie freien Lauf zu lassen. Sie sind in der Lage sich einzubilden, dass sie selbst, ihre Gruppe, ihr Volk, ihr Staat Gott näher seien, als alle Anders- oder Ungläubigen und deswegen, immer nur von edelsten Motiven geleitet, niemals Unrechtes tun könnten. Daraus können sie ableiten, dass alles, was ihnen selbst nützlich sei, der ganzen Menschheit zugute komme und deshalb alle übrigen, nach Gottes Urteil minderwertigen Menschen – koste es diese, was es wolle – mit allen rechtlichen, ökonomischen, militärischen und terroristischen Mitteln dem eigenen Willen gefügig machen zu dürfen.

Die Verteidiger wissenschaftsbasierter Zivilisation wiederum können abgehoben von aller wissenschaftlich fundierten Argumentation behaupten, sie erfüllten Gottes Auftrag; Gott wolle, dass sich die wissenschaftsbasiert anwendungstechnische Eroberung der Welt fort- und gegen ihre Widersacher durchsetze; dass Menschen anderer Lebensart bekehrt und wenn unbelehrbar abgeschlachtet werden dürften, sei der Vollzug göttlicher Vorsehung. Damit können sich die Verteidiger wissenschaftsbasierter Zivilisation selbst zu Gotteskriegern aufheizen.

Alle diese Einbildungen, selbst von Gott privilegierter als andere zu sein und deswegen mit deren Unterwerfung unter die eigenen Interessen ein gottgefälliges Werk zu verrichten, können bei Verfügbarkeit von so viel Zerstörungsgerät und einer so großen Bevölkerung auf der Erde wie nie zuvor unermessliche Verwüstungen zur Folge haben – umso verheerendere Auswirkungen, je mehr schwer bewaffnete Gruppen aufeinander losschlagen, von denen jede an ihren durch Gott garantierten Sieg glaubt.

Mit der Einführung der zweiten Forschungsstruktur und der Nutzung des *Provisoriums* würde der Weg freier, religiöse Anschauungen auf wissenschaftsbasierte Deutungen unserer Welt beziehen zu können. Die Stelle ihrer Berührung zueinander würden die übereinstimmenden Merkmale aller Körper sein, die bereits seit Beginn des Kosmos da sind und unverändert für die Dauer seiner Existenz bestehen bleiben. Die Ansichten darüber, welche Merkmale dies im Einzelnen sind, könnten sich im Fluss wissenschaftlicher Einblicke noch ändern. Damit würde sich die Grenze zwischen dem wissenschaftlich Begreifbaren und dem wissenschaftlich Undurchdringlichen verschieben. Bloß dass es diese unüberwindliche Grenze gibt, hinter der sich ein der Wissenschaft verschlossenes Geheimnis befindet, würde als unumstößlich von wissenschaftlicher Seite anerkannt.

Dies bedeutet nicht, dass wer sich das *Provisorium* zu eigen macht, deswegen religiös sein müsste. Aber wenn er dies möchte, könnte er seine religiöse und seine wissenschaftlich begründete Deutung unserer Welt in einen Sinnzusammenhang bringen. Dies hätte er mit anderen Menschen, die ebenfalls vom *Provisorium* aus die Welt begreifen und zugleich religiös sein möchten, sich teilweise zu unterschiedlichen Religionen bekennen, gemeinsam. Schließen sie alle ihre jeweilige Religiosität an das *Provisorium* an, dann macht dies sie etwas weniger verschieden.

Eine Gruppe, die sich einen Gottesstaat zum politischen Ziel setzt, würde bei Verbreitung des *Provisoriums* eher weniger Anhänger finden. Denn einem Menschen, für den religiöse Anschauungen und wissenschaftliches Begreifen unserer Welt zusammengehören, liegt es tendenziell fern, einen Gegensatz zwischen Gott und der von Menschen irgendwie gestalteten Zivilisation zu denken. Wenn der ganze Kosmos schon immer und für alle Zeit Gottes Welt ist, dann sind auch alle Ausprägungen menschlicher Lebensweise im Rahmen der Menschen möglichen Einflussnahme auf den Kosmos zu einem bestimmten Zeitpunkt der Menschheitsentwicklung von Gott gewollt oder geduldet, und es macht keinen Sinn, anstelle davon einen Gottesstaat anzustreben.

Menschen, die sich das *Provisorium* zu eigen machen, würde es auch schwerer fallen, sich selbst als von Gott zum Beherrschen der Menschheit auserwählt zu betrachten. Denn alle anderen sind genauso von Gott gewollt oder geduldet, könnten daraus ebenfalls einen solchen Anspruch ableiten.

Je mehr verschiedene Gruppen, Völker und Repräsentanten von Staaten wehrfähig einander gegenüber stehen und jeweils glauben, von Gott ausersehen zu sein, allen übrigen Menschen und Staaten auf der Erde ihren Willen aufzuzwingen, eine sicherheitspolitisch tendenziell umso größere Bedeutung könnte die Anwendung des *Provisoriums* erlangen, um dem Denken, das solche Ansprüche begründet, die Überzeugungskraft zu nehmen. Dies könnte allerdings nur so gut gelingen, wie Menschen in Schulausbildungen und darüber hinaus die Grundlagen des *Provisoriums* vermittelt und dessen individuelle Anwendung zugänglich gemacht würden. Die Kosten dafür dürften tragbarer sein als die Plage weltweit gegeneinander kämpfender Gotteskrieger, die alle von sich behaupten, nur Edles im Sinn zu haben, tatsächlich aber Bemühungen um ein weltweit einigermaßen gedeihliches Neben- und Miteinander-Existieren von Menschen erschweren oder sogar immer unmöglicher machen.

Sollen Menschen mit dem Bedürfnis, in einer Gemeinschaft mit anderen religiös sein zu wollen, zwischen verschiedenen Religionen wählen können, dann muss das Rechtssystem eines Staates seinen Zugehörigen die Freiheit dazu gewährleisten. Dies ist im Hinblick auf die Unterschiedlichkeit der Religionen allerdings nur nachhaltig möglich, wenn darunter nicht die öffentliche Sicherheit leidet. Dafür müssen die Gläubigen aller zuzulassenden Religionen das in dem Staat geltende Rechtssystem in allen Details voll und ganz anerkennen. Dem könnte als Bedingung für die öffentliche Ausübung einer Religion hinzugefügt werden, dass die sich zu ihr Bekennenden auch den Gebrauch des digitalen Netzes zweiter Struktur sowie das symmetrischere Regieren anerkennen. Denn je mehr Orientierung ein Mensch allein darin für die Gestaltung seines Daseins fände, einen tendenziell umso kleineren Anteil seiner Orientierung würde er im Bekenntnis zu einer bestimmten Religion suchen. Tendenziell umso eher hielte er den Anblick von Menschen aus, die anders oder gar nicht religiös sind. Tendenziell umso unwahrscheinlicher brächen religiös motivierte Konflikte zwischen Staatszugehörigen aus, was wiederum der öffentlichen Sicherheit zugutekäme.

Konvergieren von Zugehörigen mehrerer Staaten

Vor die Frage gestellt, ob sich zwei oder mehr bestimmte Staaten zu einem größeren vereinen sollen, können die Meinungen der betroffenen Staatszugehörigen weit auseinander gehen. Die einen versprechen sich davon Vorteile. Andere fürchten sich vor den Veränderungen, die der größere Staat für sie mit sich bringen könnte. Je verschiedener die Volkswirtschaften sind und je weniger sie einander ergänzen, je mehr Menschen betroffen sind, je mehr die ökonomisch stärkeren Zugehörigen des einen Staates fürchten, vereint den ökonomisch schwächeren Zugehörigen des anderen Staates Güter abgeben zu müssen, je unterschiedlicher sie kulturell geprägt sind, tendenziell umso geringer sind die Aussichten, dass der gemeinsame Staat allein durch den Beschluss einiger weniger national zentral entscheidender Personen und deren für alle Staatszugehörigen verbindlich festzulegenden Regelungen gelingt. Auch symmetrischeres Regieren in den beiden Staaten würde nicht wie von selbst auf deren Vereinigung zulaufen. Doch die Prognose dafür wäre günstiger, als wenn bloß einige wenige zentral entscheidende Personen der beiden Staaten diesbezügliche Fakten zu schaffen versuchten, ohne hinreichend zu überblicken, ob und inwieweit die Maßnahmen durch die unterschiedlichen Befindlichkeiten und Anliegen der vielen betroffenen Menschen gestützt werden. Wenn man davon ausgeht, dass die meisten Zugehörigen der für den Zusammenschluss infrage kommenden Staaten zunächst einmal nichts mit einem größeren gemeinsamen Staat anzufangen wissen, dann wäre wie schon vor dem symmetrischeren Regieren dennoch der Keim ihres persönlichen Eingebundenseins in übernationale Komplexität bereits gelegt, soweit ihre Staaten nicht isoliert nebeneinander existieren. Je größer über die Staatsgrenzen hinweg die Einflüsse der einzelnen Staatszugehörigen auf- und Abhängigkeiten voneinander sind, tendenziell umso mehr gleich lautende Grundlagen ihrer Existenz gibt es, die sie bewahren oder stärken wollen – und dies auch ohne Absprachen untereinander. Umso eher würden sie beim Recherchieren im digitalen Netz zweiter Struktur zur Vorbereitung von Entscheidungen für bestimmtes Verhalten zu übereinstimmenden Auskünften gelangen. Je konsequenter die Betroffenen diese Hinweise befolgen würden, tendenziell umso eher näherten sie sich von ihren jeweiligen Befindlichkeiten aus zusätzlich einander an. Tendenziell umso eher entwickelten sie sich – falls ihre persönlichen Potenziale zum Kooperieren es zulassen – zu so viel Übereinstimmung hin, dass sie auch zusammen in einem größeren Staat leben könnten. Möglicherweise würde jeder nach zahlreichen aufeinander folgenden und nicht unbedingt immer bewusst werdenden Schritten der Annäherung bei diesbezüglich fortgesetzten Recherchen darauf hingewiesen, dass ein gemeinsamer größerer Staat im Sinne der persönlichen Absichten vorteilhaft wäre, und was er von seiner besonderen Lage aus dafür tun könnte. Kaum einer würde einen solchen Hinweis als Versuch zur Bevormundung seiner eigenen Person empfinden. Wen der Hinweis nicht ohne Weiteres überzeugt, könnte das digitale Netz nach übereinstimmenden Merkmalen seiner aktuellen Befindlichkeit und des größeren Staates befragen, um sich mehr Klarheit darüber zu verschaffen, ob in dem Hinweis seine individuelle Situation beziehungsweise seine Anliegen bereits hinreichend berücksichtigt sind oder ob das Leben in dem größeren Staat voraussichtlich doch überwiegend nachteilig für ihn wäre. Aus der Antwort könnte er Schlüsse für sein weiteres Verhalten ziehen.

Aus symmetrischerem Regieren resultierendes Weltregime zur Gewährleistung übernationaler öffentlicher und rechtlicher Sicherheit

»Auf den Straßen von Moskau wurde ich, während ich in tausende von Gesichtern schaute, daran erinnert, dass es nicht die Menschen sind, die die Kriege machen, sondern die Regierungen – und dass die Menschen im Atomzeitalter Regierungen verdienen, die nach Frieden streben.«

Ronald Reagan (11)

Mit der Zunahme unserer Erdbevölkerung ist die Zahl der in militärischen Auseinandersetzungen verletz- und vernichtbaren Menschen gestiegen. Einhergehend mit dem wissenschaftsbasiert anwendungstechnischen Fortschritt, der das Leben vieler Menschen komfortabler und länger gemacht hat, sind nicht nur die von Menschen geschaffenen zerstörbaren Güter, sondern auch die zur Verfügung stehenden Mittel, die das alles wieder zunichte machen können, mehr geworden. So lässt sich in unserer Geschichte eine Steigerung des Ausmaßes der Zerstörung durch weitgehend vom Boden aus oder auf See geführte Kriege in der Zeit bis 1914 zu den Trümmern erkennen, die der Einsatz von Luftstreitkräften ab dem Ersten Weltkrieg hinterließ. Der Zweite Weltkrieg brachte erneut mehr Tote und Verwundete mit sich. Im Jahr 1945 kam es zu einer signifikanten Effizienzsteigerung in der Kriegsführung, als die US-Regierung mit dem Zünden einer einzelnen Nuklearbombe über Hiroshima und einer zweiten über Nagasaki so viel zerstörte wie zuvor nur mit dem vielfachen Einsatz weniger wirksamen Gerätes. Schon bald danach verfügten auch die Sowjetunion und weitere Staaten über Nuklearwaffen. In seitdem militärisch ausgetragenen Konflikten sind abermals in manchen Hinsichten weiterentwickelte und überlegene Waffensysteme, wenn auch keine Nuklearbomben mehr eingesetzt worden. Ein weiterer regionaler oder Weltkrieg könnte erneut in einzelnen Aspekten der Vernichtung alle vorangegangenen Waffeneinsätze übertreffen. In diesem Zusammenhang besonders hervorzuheben ist die hinzugekommene Computertechnik, von deren Funktionieren Menschen immer abhängiger geworden sind. Auf wie viel kriegsbedingten Zusammenbruch von überlebenswichtigen, computergestützt automatisierten Abläufen, von Kommunikation über Computer und Zugang zu digitalen Informationsnetzen betroffene Menschen noch schnell genug mit existenzsichernden Verhaltensänderungen reagieren könnten, darüber gibt es keine hinreichende Erfahrung.

Unterdessen kaum größer geworden ist die Fähigkeit der wenigen Personen, die über einen Militäreinsatz in einem umstrittenen Gebiet bestimmen, im eigenen Kopf dessen Chancen und Risiken zu beurteilen; nicht bloß unter den vor dem Einsatz gegebenen Bedingungen ungefähr zu wissen, wie man kämpfen und siegen will, sondern auch, wie in dem Gebiet nach den Kampfhandlungen unter den dann teilweise anderen Bedingungen mit konkreten Maßnahmen ein Gemeinwesen gestaltet werden soll. Unabhängig davon, auf welchem militärtechnischen Niveau in der Vergangenheit Kriege geführt wurden, waren die bestimmenden Personen nach ihrer Entscheidung über einen Waffengang, je länger dieser sich unentschieden hinzog und je mehr dabei zu Bruch ging, umso weniger dagegen gefeit, mehr und mehr die Kontrolle über das weitere Geschehen zu verlieren. Dies gefährdete den Bestand der Menschheit nicht, solange es regierenden Personen technisch verwehrt war, die Menschheit auszulöschen. Inzwischen ist dies anders. Wenn auf dem erreichten Stand der Waffentechnik den Personen, die einen Konflikt militärisch zu lösen versuchen, die Kontrolle über dessen Verlauf entgleitet, ist der Fortbestand der Menschheit nicht mehr unbedingt gesichert. Je höher das Zerstörungspotenzial der einsetzbaren Waffen, je komplexer Daseinsbedingungen werden und je mehr demgegenüber die geistigen Herangehensweisen des nationalen Regierens an die Erfüllung öffentlicher Aufgaben zurückbleiben, tendenziell umso wahrscheinlicher läuft die Entwicklung auf eine Ausweitung der Zerstörung in militärisch geführten Auseinandersetzungen hinaus, der letztendlich keine Sperre zur menschlichen Selbstbehauptung mehr standhält.

Versuchen die nationalen Zentralregierungen zweier Staaten Streitigkeiten zunächst einmal im diplomatischen Verkehr zu regeln und zeigt keine Seite ausreichendes Entgegenkommen für eine Einigung, kann die fordernde Seite ihr Verlangen wiederholen. Bleibt die Gegenseite stur, kommt man zu dem Punkt, an dem sich beide Seiten in der strittigen Angelegenheit nichts mehr zu sagen haben. Ist der Wille stark genug, das eigene Interesse durchzusetzen, wagt die fordernde nationale Regierung vielleicht eine geheimdienstliche Operation, um ihrem Ziel näher zu kommen, wenn der umstrittene Gegenstand sich dafür eignet, sich eine Gelegenheit dazu bietet und der Aufwand sich lohnen könnte. Oder man versucht es mit Sanktionen. Aber je verflochtener die beiden Volkswirtschaften untereinander und in der Weltwirtschaft sind, tendenziell umso eher schadet die fordernde nationale Regierung mit Sanktionen gegenüber dem Ausland der eigenen Volkswirtschaft. Führen die Sanktionen nicht zum gewünschten Erfolg und fühlen sich die national zentralregierenden Personen unter Druck, mehr zu tun, läuft die Beschränktheit der Verhaltensoptionen, die den entscheidenden Personen offenstehen, wenn sie nicht klein beigeben wollen, vielleicht schon auf die Drohung mit einem Militäreinsatz und dessen Verwirklichung zu. Doch dabei bleiben Anliegen von Staatszugehörigen, die übernationalen Einflüssen und Interdependenzen ausgesetzt sind, auf der Strecke.

Deren Interessen werden auch verletzt, indem die national Zentralregierenden mit der Begründung, ein bestimmter ausländischer Staat könnte irgendwann zu unbequem oder bedrohlich mächtig werden, zu verhindern suchen, dass dort staatliche Strukturen mit einer von der dortigen Bevölkerungsmehrheit getragenen nationalen Regierung und der Teilhabe möglichst vieler Staatszugehöriger entstehen oder bestehen bleiben. Denn in dem Maße, wie national zentralregierende Personen, die ihren Staat in irgendeiner Hinsicht günstiger gegenüber einem Ausland positionieren möchten, dazu beitragen, das Entstehen funktionsfähiger staatlicher Strukturen und Verhaltensabläufe in dem Ausland zu behindern oder dort bereits relativ gut funktionierende staatliche Strukturen zu destabilisieren, schaffen sie mit die Bedingungen, dass in dem Ausland und eventuell darüber hinaus Gruppen die Oberhand gewinnen, die von keiner staatlichen, den Zusammenhalt der vielen Zugehörigen hinreichend stützenden Autorität eingehegt sind; Gruppen, die nur das Recht des Stärkeren akzeptieren und koste es andere, was es wolle, tun, was ihnen gefällt, bis irgendein Gegner sie stoppt; Gruppen, die Teil des Stoffes sein können, aus dem Bürgerkriege wie auch neue internationale militärisch und/oder terroristisch ausgetragene Konflikte entstehen. Führt das mangelhafte Regieren in einem Ausland zu öffentlicher Unsicherheit in einem Ausmaß, dass Menschen von dort über die Landesgrenzen hinweg fliehen, dann schafft dies möglicherweise der Bevölkerung eines zunächst verschont gebliebenen Landes Probleme. Je größer die Zahl der Flüchtlinge ist und je schwieriger sich ihre Eingliederung im Zielstaat gestaltet, tendenziell umso eher verringert sich auch dort die öffentliche Sicherheit. Dies gegebenenfalls steht wiederum dem Wunsch nach öffentlicher Sicherheit der Zugehörigen eines weiteren Staates, der von dem Flüchtlingsstrom nicht unmittelbar berührt ist, tendenziell umso stärker entgegen, je mehr diese Menschen in weltweite Zusammenhänge eingebunden sind. Umso unzulänglicher erscheint es diesen Menschen, wenn die eigene nationale Zentralregierung die Außengrenzen des Territoriums gegen Aufnahme suchende Flüchtlinge abzuschotten versucht. Je mehr Zugehörige gleich welchen Staates auf der Erde von dem abhängig sind, was jenseits des eigenen Staates geschieht, tendenziell umso mehr sind sie in ihren persönlichen Angelegenheiten darauf angewiesen, dass im Ausland öffentliche und rechtliche Sicherheit herrschen, und tendenziell umso mehr beeinträchtigt es ihre Verhaltensoptionen oder schadet es ihnen, wenn ihre nationale Zentralregierung allein oder im Verbund mit Gruppen, die von partikularen Interessen geleitet sind, dazu beiträgt, öffentliche und rechtliche Sicherheit im Ausland zu unterbinden oder aufzuweichen. So hat umso eher nur eine kleine Minderheit von Profiteuren unter den Millionen Staatszugehörigen ein Interesse an der Unterbindung oder Schwächung funktionsfähiger staatlicher Strukturen und Volkswirtschaften im Ausland, je weiter die übernationalen Interdependenzen von Menschen fortgeschritten sind.

Niemand kann für die Zukunft militärisch und/oder terroristisch geführte Konflikte – sei es zwischen mehreren Staaten, zwischen Staaten und privaten Gruppen oder unter mehreren privaten Gruppen – mit noch größeren Ausmaßen der Zerstörung als in vorangegangenen Kriegen ausschließen. Je mehr Einflüssen über Staatsgrenzen hinweg Menschen ausgesetzt und in ihren individuellen Anliegen aufeinander angewiesen sind, tendenziell umso sicherer würden aus einem solchen Waffengang alle unmittelbar einbezogenen Staaten als Verlierer hervorgehen. Die Wahrscheinlichkeit, mit einem Zerstörung einkalkulierenden Konflikt verbundene Absichten zu verfehlen, steigt noch an, sollten künftig zunehmend computergestützte Waffensysteme das Geschehen mitbestimmen, die von Personen mangelhaften Überblicks in Bezug auf die möglichen Folgen ihres Handelns mit einem zu allgemein definierten Zerstörungsauftrag versehen, selbst entscheiden, wen oder was sie angreifen. Dem steht das Interesse fast aller Staatszugehörigen in der längsten Zeit ihres individuellen Daseins an weltweiter öffentlicher und rechtlicher Sicherheit gegenüber. Soll dieses Verlangen weitestmöglich erfüllt werden, ist man einerseits auf die Mitwirkung der nationalen Zentralregierungen angewiesen. Andererseits müssen da, wo nationale Zentralregierungen an ihre Grenzen stoßen, jenseits derer sie mit ihrem Verhalten die weltweite öffentliche und rechtliche Sicherheit beeinträchtigen, ihrem Tun Riegel vorgeschoben werden.

Wenn man einmal von der Eindämmung oder Beseitigung der Schadensfolgen besonders schwerer Unfälle oder Naturkatastrophen absieht, beschränkt sich der Beitrag, den militärische Streitkräfte zur öffentlichen und rechtlichen Sicherheit für die Zugehörigen eines Staates leisten und der mit keinen anderen Mitteln zu erbringen ist, fast immer auf die Abschreckung ausländischer Aggressoren, in das eigene Territorium einzudringen und im Falle des Angegriffenwerdens auf die Verteidigung desselben, außerdem gelegentlich auf den Schutz oder die Rettung von Staatsangehörigen, deren Leben in einem Ausland von einer feindlichen Macht bedroht ist. Dafür wird man militärische Streitkräfte brauchen, solange es mehrere Staaten mit zueinander konträren Partikularinteressen gibt, die sich national zentralregierende Personen zu eigen machen können; solange national zentralregierende Personen eigenmächtig nach

Laune und Gutdünken, das Bedürfnis der meisten Menschen nach öffentlicher und rechtlicher Sicherheit ignorierend, über Landesgrenzen hinweg gezielt Morde, aggressive Geheimoperationen und Militäreinsätze durchführen können, ohne dass eine unabhängige Justiz in der Lage wäre, dies zu unterbinden; solange privat agierende Gruppen das Territorium des Staates beziehungsweise ihm zugehörige Menschen in zerstörerischer Absicht angreifen können und andere Mittel zur Gegenwehr allein möglicherweise nicht ausreichen. Doch wenn weltweite öffentliche und rechtliche Sicherheit Vorrang haben sollen, dürfen die nationalen Zentralregierungen kein Militär und andere Mittel mehr einsetzen, um Ziele zu verfolgen, die der Gewährleistung weltweiter öffentlicher und rechtlicher Sicherheit – im voraus mit übergroßer Wahrscheinlichkeit erkennbar – abträglich sind. Mit diesem Anspruch dürften Militäreinsätze ohne vorausgegangenen oder evident unmittelbar drohenden militärischen oder terroristischen Angriff durch eine ausländische Macht nur noch soweit geduldet werden, wie sie mit klar begrenzter und im Erfolg messbarer Funktion in ein Konzept zur Erhöhung der öffentlichen, an individuellen Grundrechten orientierten Sicherheit eingebettet sind und durch keine andere Maßnahme, womit die größere Sicherheit zu erlangen wäre, adäquat substituierbar erscheinen. Ein erfolgreiches Beispiel dafür ist das Verhalten der US-amerikanischen Administration gegenüber Deutschland im Zweiten Weltkrieg und später im Hinblick auf die Bundesrepublik Deutschland. Erst trug die US-amerikanische Armee mitentscheidend zum Ende der eklatant gegen öffentliche und individualrechtliche Sicherheit verstoßenden nationalsozialistischen Diktatur bei. Später, während der Zeit des Kalten Krieges flankierte die US-Regierung als militärische Schutzmacht den Aufbau einer repräsentativen Demokratie mit eindeutig mehr öffentlicher und individualrechtlicher Sicherheit in der Bundesrepublik. Doch diese umfasste nur einen Teil des nach dem Zweiten Weltkrieg Deutschland verbliebenen Staatsgebietes. Neben der Bundesrepublik bestand von 1949 bis 1990 unter der Bezeichnung Deutsche Demokratische Republik ein zweites deutsches Territorium als eine sozialistische Diktatur mit erheblich geringerer individualrechtlicher Sicherheit. Geht man davon aus, dass es unter den damaligen Bedingungen ohne territoriale Teilung zu keinem Bürgerkrieg gekommen wäre, brachte das Bestehen der beiden Territorien nebeneinander eine geringere öffentliche Sicherheit für deren Bewohner und darüber hinaus mit sich. Denn die beiden Teile Deutschlands entwickelten sich konfrontativ zueinander. Die US-amerikanische Regierung unterstützte auf Seiten der Bundesrepublik und ihrer Regierung das Bemühen um die Wiedervereinigung der beiden Teile Deutschlands, die im Jahr 1990 durch den Beitritt von fünf neuen, aus dem Territorium der Deutschen Demokratischen Republik hervorgegangenen Bundesländern zur Bundesrepublik erfolgte. Damit zählte die US-amerikanische Regierung zu denjenigen, die den Weg zu einer tendenziell höheren öffentlichen Sicherheit für die Zugehörigen der beiden deutschen Territorien freimachten. Da seitdem die Rechtsstaatlichkeit bei Gewährleistung individueller Grundrechte in den aus der Deutschen Demokratischen Republik hervorgegangenen fünf Bundesländern dem höheren Niveau der Bundesrepublik angenähert wurde, erhöhte sich für die Bevölkerung Deutschlands als ganze betrachtet auch die rechtliche Sicherheit. Damit, wie hier geschehen und in seinem Verlauf von den maßgeblich zentral entscheidenden Personen nicht vorhersehbar, die Invasion einer Armee zur nachhaltigen Erhöhung der öffentlichen und rechtlichen Sicherheit in einem Staat beiträgt, müssen allerdings so viele Bedingungen erfüllt sein, dass dies nur relativ selten vorkommt und seit dem Zweiten Weltkrieg mit keinem Militäreinsatz irgendwo sonst so evident gelungen ist.

Könnte die nationale Regierung eines einzelnen Staates als »Weltpolizist« die öffentliche Sicherheit bei Gewährleistung einiger individueller Grundrechte für alle auf der Erde lebenden Menschen gewährleisten? Der Anspruch, Weltpolizist zu sein, geht einher mit dem Anspruch darauf, mehr Rechte zu haben, in das Geschehen eines Auslandes eingreifen zu dürfen, als Angehörige irgendeines anderen Staates. Dazu muss sich die nationale Regierung des anspruchsvollen Staates gegenüber den nationalen Regierungen aller anderen Staaten die Legitimation verschaffen und immer wieder beweisen, dass die Voraussetzungen dafür noch bestehen. Dies setzt überlegene Fähigkeiten voraus, die sich die nationale Regierung, die Weltpolizist sein möchte, irgendwie erworben haben muss, was zum Teil nur auf Kosten der anderen Staaten möglich ist. Dazu muss sich der Weltpolizist auf einen betriebswirtschaftlichen Sektor stützen können, der als Ganzes betrachtet denjenigen aller anderen einzelnen Volkswirtschaften überragt. Um diese Überlegenheit zu erlangen und aufrechtzuerhalten, muss die nationale Zentralregierung des Weltpolizisten in enger Kooperation mit Teilen seiner Industrie die militärischen und geheimdienstlichen Fähigkeiten weit über die Erfordernisse der Landesverteidigung hinaus ausdehnen. Der Weltpolizist muss ausländische Mächte erpressen und ausländische Zentralregierungen, die den Vormachtanspruch infrage stellen, stürzen können. Befürchten die national zentralregierenden Personen des Weltpolizisten, dass solche Handlungen unter den angegriffenen Völkern oder im eigenen Land Widerstand hervorrufen, der diese Vorgehensweisen unmöglich machen könnte, und wollen sie trotzdem ihr Vorhaben verwirklichen, dann bevorzugen sie es, möglichst wenige Menschen einzuweihen sowie durch Einflussnahme auf die Berichterstattung in Medien die breite Öffentlichkeit von den eigentlichen Motiven abzulenken.

Am ehesten kann der Weltpolizist seine Rolle erfüllen, wenn alle anderen Staaten über willfährige, im Hinblick auf die Anerkennung der Vorherrschaft des Weltpolizisten offen undemokratisch oder nur pro forma demokratisch gebildete nationale Zentralregierungen verfügen und diese die Tendenzen in den jeweiligen Völkern zu einer vom Weltpolizisten unabhängigen Entwicklung unterdrücken. Doch im ständigen Kampf um die Vormacht als Voraussetzung dafür, als Weltpolizist von allen anderen Staaten anerkannt zu werden, verursacht oder verstärkt der relativ mächtige Staat immer wieder internationale Spannungen. Die Furcht des Weltpolizisten, sich mit dem eigenen Verhalten weltweit Gegner zu schaffen, kann bis zur Obsession seiner national zentralregierenden Personen reichen, jederzeit vor terroristischen Angriffen von überall her auf der Hut sein zu müssen. Je ernster sie die Gefahr nehmen und je weniger sie wissen, wo genau die Gefahr herkommt, tendenziell umso blinder gehen sie dagegen vor. Tendenziell umso eher trifft ihr Kampf ungefährliche Opfer, für die es wenig oder keinen Unterschied macht, ob sie unter Terrorangriffen oder der Aggression des Weltpolizisten zu leiden haben.

Geht man davon aus, dass das, was eine nationale Zentralregierung außenpolitisch bewirkt, tendenziell umso stärker auch Geschehen im Inland beeinflusst, je mehr internationalen Einflüssen und Interdependenzen Menschen des Inlandes direkt oder indirekt ausgesetzt sind, sowie dass sich die Zugehörigen des Staates mit dem Anspruch des Weltpolizisten in relativ vielen solchen Beziehungen befinden, dann gilt: Je mehr die nationale Zentralregierung des Weltpolizisten in ihrer Außenpolitik geltendes Recht übertritt, insbesondere individuelle Grundrechte missachtet und die übernationale öffentliche Sicherheit beschädigt, tendenziell umso eher greift auch im Inland des Weltpolizisten eine die öffentliche und rechtliche Sicherheit beeinträchtigende Gesinnung um sich. Gegebenenfalls je weiter ein solcher Verfall fortschreitet, tendenziell umso unregierbarer wird der Staat des Weltpolizisten im Inneren.

Je verflochtener die Weltwirtschaft wird, je mehr sich andere Staaten in ihren volkswirtschaftlichen Leistungen dem Weltpolizisten annähern, je mehr sich Zugehörige anderer Staaten seinem Diktat entziehen können, je offensichtlicher den Menschen die mangelnde Kompetenz der zentralregierenden Personen des Weltpolizisten zur Bereitstellung weltweit begehrter öffentlicher Leistungen wird, tendenziell umso größer werden die Zweifel an der Legitimität des Weltpolizisten. Tendenziell umso eher und öfter ist das Einzige, was die national zentralregierenden Personen des Weltpolizisten mit ihren begrenzten Kopfkapazitäten noch zur Bekräftigung seines Anspruchs auf Vorherrschaft tun können, unter irgendwelchen Vorwänden Militär auf dem Territorium eines anderen Staates einzusetzen, dem man nicht viel Gegenwehr zutraut. Wenn dabei einige Menschen, denen niemand vorwirft, die Vorherrschaft des Weltpolizisten gefährdet oder angegriffen zu haben, Schaden erleiden und Medien nahezu weltweit davon berichten, so lehrt dies Milliarden Menschen, die ein solches Schicksal auch treffen könnte, das Fürchten vor dem Weltpolizisten. Wenn sich auf verschiedenen Kontinenten das Gerücht herumspricht und nicht verstummen will, der Weltpolizist selbst sehe es manchmal nicht ungern oder trage sogar aktiv dazu bei, dass zum Terror bereite Gruppen in den Besitz von Waffen gelangen und in der öffentlichen Wahrnehmung als bedrohlich genug erscheinen, um damit militärische Interventionen des Weltpolizisten, die auch ganz andere Menschen treffen, als gerechtfertigt erscheinen zu lassen, entzieht die Weltöffentlichkeit dem Weltpolizisten tendenziell mehr und mehr das Vertrauen, das er bräuchte, um seine Aufgabe erfüllen zu können. All dies hintertreibt seinen Anspruch, oberster Hüter der weltweiten öffentlichen und rechtlichen Sicherheit zu sein, soweit dies einmal mehr als nur sein Lippenbekenntnis gewesen ist. Wenn der Weltpolizist von den Zugehörigen anderer Staaten mehrheitlich nicht mehr als solcher respektiert wird und offen erklärt, international bloß Ziele wie mehr oder weniger alle anderen nationalen Regierungen zu verfolgen, geht es nur noch darum, den ehemaligen Weltpolizisten von der Last seiner schadensträchtigen Privilegien zu befreien, ihn im Sinne der weltweiten öffentlichen und rechtlichen Sicherheit so einzuhegen wie alle anderen Staaten auch.

Dass keine nationale Regierung eines einzelnen Staates die Rolle als Weltpolizist auszufüllen vermag, enthebt die national zentralregierenden Personen nicht ihrer Mitverantwortung, im Rahmen ihrer Möglichkeiten, vor allem in ihren territorialen Grenzen, aber auch darüber hinaus, zur öffentlichen und rechtlichen Sicherheit beizutragen. Soziale Spannungen, die in terroristisch und/oder militärisch ausgetragene Auseinandersetzungen münden, entstehen im Kleinen und anwachsend unter Millionen Menschen. Auf einige solcher Konflikte im Inland können zentral entscheidende Personen mäßigend oder lösend einwirken, soweit diese die Option eines eigenen Beitrages zur Überwindung eines besonderen Konfliktes erkennen, und falls dieser dafür nicht schon zu weit eskaliert ist. Doch je mehr Menschen zu einem Staat dazugehören, tendenziell umso mehr Probleme und Konflikte können sich unter ihnen zusammenbrauen und tendenziell umso schneller sind zentral entscheidende Personen mit ihrer naturbedingt selektiven geistigen Auffassungsgabe und knappen verfügbaren Mitteln in der Aufgabe überfordert, auf alle diese sozialen Spannungen im Keim oder in frühen Stadien der Eskalation im Interesse der öffentlichen Sicherheit dämpfend bis unterbindend Einfluss zu nehmen.

Für das außenpolitische Verhalten national zentral entscheidender Personen gilt: Soziale Spannungen im Kleinen unter Zugehörigen ein und desselben Staates sind meist dessen innere Angelegenheiten. Selbst wenn national zentral entscheidende Personen jenseits der eigenen Staatsgrenzen klein erscheinende soziale Spannungen erkennen und den Eindruck gewinnen, dass diese Spannungen sich später einmal grenzüberschreitend ausweiten und entladen könnten, aber die zwischenstaatlichen Beziehungen davon zunächst einmal nicht beweiskräftig berührt sind, ist es der nationalen Regierung verwehrt oder zumindest erschwert, irgendetwas gegen die sozialen Spannungen in dem Ausland zu unternehmen.

Könnte die Organisation der Vereinten Nationen (UNO) mehr leisten? Insoweit die UNO sich in von ihr initiierten zivilen Projekten bewährt, erfolgreich Hilfen für Opfer von Katastrophen organisiert und so teilweise auch öffentliche und rechtliche Sicherheit gefördert hat, empfiehlt sie sich für die Zukunft. Auch indem die UNO unterhalb der Stufe bereits ausgebrochener terroristischer sowie militärischer Auseinandersetzungen auf Konflikte abkühlend Einfluss nimmt, kann die UNO zur internationalen öffentlichen und rechtlichen Sicherheit beitragen. Grenzen im Einfluss dieser Weltorganisation zeigen sich allerdings jedes Mal, wenn sie sich vergeblich um die Eindämmung und möglichst schnelle Beendigung von akuten terroristisch und/oder militärisch geführten innerstaatlichen sowie internationalen Auseinandersetzungen bemüht. Aber es ist leichter, der UNO eine diesbezüglich ungenügende Bilanz zu attestieren als zu zeigen, wie die Effizienz dieser Organisation zu erhöhen wäre. Denn die UNO wäre beim Löschen lodernder terroristisch und/oder militärisch geführter Auseinandersetzungen wohl auch nicht viel erfolgreicher, würde man sie – falls dies überhaupt technisch und organisatorisch machbar wäre – mit einer allen einzelstaatlichen Armeen und Militärbündnissen überlegenen Superarmee ausstatten. Dazu sind nationale Regierungen von Staaten, welche die Vereinten Nationen tragen, tendenziell umso weniger bereit, je mehr sie dazu neigen, sich von zueinander unversöhnlichen Interessen leiten zu lassen und sich diesbezüglich die Option nicht nehmen lassen möchten, nach eigenem Ermessen ihre nationalen Streitkräfte einzusetzen.

Wenn die vielen Staatszugehörigen das außenpolitische Handeln weitgehend an die nationalen Zentralregierungen der Staaten delegiert haben und das, was diese Regierungen und die von ihnen gemeinsam getragene UNO zu leisten vermögen, an Grenzen unterhalb des Wünschenswerten stößt: Bedeutet dies Nichtstun, wenn irgendwo auf der Erde von Menschen Gräuel erzeugt werden, die öffentliches Leben verunsichern und das Empfinden unbeteiligter Zuschauer erzürnen? In dem Augenblick vielleicht schon. Denn wenn es einmal so weit gekommen ist, dann deshalb, weil zu viele Menschen die Bedeutung einer sich zuspitzend destruktiven Entwicklung zu Zeiten, als man das Unheil noch im Anfangsstadium eher hätte unterbinden können, aus mangelndem Urteilsvermögen im Hinblick auf die eigenen Interessen unterschätzt oder aus anderen Motiven ignoriert und vorbeugend zu wenig Wirksames oder gar nichts dagegen getan haben. Je schwieriger es ist, gegen das bereits ausgebrochene, in seiner Dynamik entfesselte Zerstörungswerk erfolgreich anzugehen, umso eher ist das eigene Eingreifen – abgesehen von zusätzlichem Schaden, den es vielleicht selbst anrichtet – nicht mehr als Aktionismus und dient dann bloß der persönlichen Beruhigung oder öffentlichen Selbstdarstellung, irgendetwas gegen das schwer Erträgliche getan zu haben, und wenn der Erfolg ausbleibt, dies dem Schicksal zuschreiben zu können.

So wenig wie die UNO wären auf andere Weise die mehreren Milliarden gleichzeitig auf der Erde lebenden Menschen dazu imstande, gemeinsam an den miteinander rivalisierenden und zu keiner weltweiten militärischen Kooperation fähigen nationalen Zentralregierungen ihrer Staaten vorbei eine militärische Streitmacht aufzubauen und einsatzbereit zu halten, die den militärischen Kapazitäten aller nationalen Armeen so überlegen wäre, dass keine nationale Zentralregierung mehr eine militärische Auseinandersetzung vom Zaun brechen würde oder dass eine solche nach ein paar Minuten oder Stunden im Keim zu ersticken wäre. Ein so monströser militärischer Apparat müsste im Übrigen wieder von einzelnen Menschen geleitet werden, die genauso wie die national zentral entscheidenden Personen irgendeines Staates aufgrund ihrer beschränkten persönlichen geistigen Kapazitäten und ihrer möglichen Neigung, allzu einseitig Partikularinteressen relativ kleiner Gruppen zu bedienen, zu suboptimalen Entscheidungen im Sinne der weltweiten öffentlichen und rechtlichen Sicherheit hin tendierten.

Je geografisch weiter das Empörende weg ist und je weniger Nachrichten empfangende Menschen erkennen, davon unmittelbar persönlich berührt zu sein, tendenziell umso eher ist die Wahrnehmung des Geschehenen davon abhängig, was Medienmacher aus den vielen gleichzeitig auf der Erde stattfindenden Übeln, die sich Menschen untereinander antun, mit welchen Berichten und Bildern gerade laut genug thematisieren. Je weiter weg von sich informierenden Menschen etwas geschieht, tendenziell umso eher bleibt es für diese Menschen im Dunkeln, wenn sie aus ihnen zugänglichen Medien keine Kenntnis davon erlangen und auch auf anderen Wegen nicht öffentlich vernehmbar darüber kommuniziert wird. Berichte und Kommentare über alles auf einmal würden auch das Wahrnehmungsvermögen der einzelnen sich informierenden Menschen einschließlich der national zentral regierenden Personen übersteigen. Die Linderung oder Beendigung von durch Menschen angerichteten Greueln irgendwo auf der Erde über den Weg des Erregens von mehr öffentlicher Aufmerksamkeit in Medien und die Reaktion von Hilfswilligen darauf sind zu punktuell, zu unsystematisch, als dass dieses Vorgehen der Anforderung gerecht werden könnte, auf alle diese Übel in Relation zueinander die ihrer jeweiligen Schwere angemessene öffentliche Wahrnehmung zu lenken, sodass diejenigen, welche begrenzte Mittel zur Linderung und Beendigung der Missstände einzusetzen haben, eine hinreichend zuverlässige Informationsbasis hätten, die Prioritäten der Mittelzuteilung im

Hinblick auf das Ziel größerer öffentlicher Sicherheit sachlich fundiert bestimmen zu können.

Geht man davon aus, dass am ehesten diejenigen einzelnen Menschen, die mit dem eigenen Verstand erkennbar persönlich von besonderen Defiziten öffentlicher Sicherheit betroffen sind, darauf aufmerksam werden, dann liegt es zuallererst an diesen vielen Einzelnen, da wo sie sich gerade befinden, Dissonanzen in der Gesellschaft auf möglichst niedrigen Entwicklungsgraden zu beheben beziehungsweise dafür zu sorgen, dass sich möglichst selten Probleme auftürmen, die durch ihre anschließende Entladung die öffentliche und rechtliche Sicherheit erschüttern. Wie könnte dies gelingen? Möglichst viele bei einer Erdbevölkerung von einigen Milliarden Menschen aktiv einzubinden, ist eine zu große Zahl, als dass dazu eine Organisation mit Präsidium und einer Hierarchie von Beschäftigten geeignet wäre. Es müsste ein Weltregime sein, das von mehreren Milliarden einzelnen Mitwirkenden getragen wird, die darin übereinstimmen, dass jeder für sich die Gewährleistung weltweiter öffentlicher und rechtlicher, insbesondere individualrechtlicher Sicherheit in sein Daseinsinteresse einbezieht, und die diesbezüglich nur selten auf Kommunikation untereinander angewiesen sind.

Was brächte es, das *Provisorium* einzubeziehen? Wer eine Entscheidung unter komplexen Bedingungen vorbereitet und sich des *Provisoriums* bedient, würde im digitalen Netz der zweiten Struktur nach möglichen Nebenfolgen seines beabsichtigten Vorhabens recherchieren und im Rahmen des aktuell digital allgemein verfügbaren Kenntnisstandes feststellen, ob diese Nebenfolgen auch seinen Intentionen entsprächen oder seinen Anliegen eher schadeten. Würde ihm die Möglichkeit von Nebenfolgen angezeigt, die seinen Zielen zuwiderlaufen könnten, dann bemühte er sich tendenziell umso eher in weiteren Recherchen darum, ein Verhalten zu finden, das ihn bei geringerer oder ganz ohne Gefahr der Nebenfolgen in seinem Vorhaben weiterbringt, je wahrscheinlicher die Nebenfolgen sind und je mehr diese seinen Intentionen widersprechen. Angenommen, er findet den Hinweis auf ein risikoärmeres, seinen Anliegen förderlicher erscheinendes Verhalten und befolgt diesen Hinweis erfolgreich. Nun stelle man sich vor, dass sich Milliarden Menschen immer wieder so verhalten. Jeder von ihnen würde bei seinen Recherchen im Netz zweiter Struktur Hinweise empfangen, die sich nur auf sein Verhalten oder das Verhalten eines Teils der Menschen weltweit mit ähnlichen Absichten beziehen.

Darüber hinaus bekäme er auch Hinweise, die genauso allen anderen, das *Provisorium* nutzenden Menschen für ihre unterschiedlichen Vorhaben zugehen. Dazu zählten unter anderem Informationen über die Relevanz seines Verhaltens für die Gewährleistung der weltweiten öffentlichen und rechtlichen Sicherheit. Alle Nutzer des *Provisoriums*, die aus persönlichen Motiven an öffentlicher und rechtlicher Sicherheit interessiert sind und die Hinweise aus dem Netz zweiter Struktur entsprechend befolgen, würden sich soweit gleichgerichtet verhalten. Sie würden dies erreichen, ohne zusätzlich direkt untereinander kommunizieren und ohne einige wenige Personen mit den Aufgaben einer Weltregierung beauftragen zu müssen, was diese überfordern würde.

Das, was die nationale Zentralregierung im Staat tut und das, was die vielen einzelnen Staatszugehörigen tun, bedingen einander. Ändern die Millionen einzelnen Staatszugehörigen ihr Verhalten in einer Weise, dass die national zentralregierenden Personen in bestimmter Hinsicht weniger zu tun haben, dann können diese nicht mehr das tun, wofür ihnen die Grundlage entzogen worden ist. Verhalten sich die Millionen Staatszugehörigen so, dass Konflikte seltener eskalieren, bis sich für national zentralregierende Personen eine Gelegenheit zu einer geheimdienstlichen Operation oder zu einem Militäreinsatz mit zerstörerischer Intention ergibt, dann können die national zentralregierenden Personen nicht anders, als dies zu akzeptieren. Je mehr Staatszugehörige in internationale und weltweite Zusammenhänge eingebunden sind, tendenziell umso dringlicher liegt es in ihrem jeweiligen persönlichen Interesse, das außenpolitische Verhalten der national zentral zentralregierenden Personen des eigenen Staates hinsichtlich der Auswirkungen auf die öffentliche und rechtliche Sicherheit im Ausland wachsam zu begleiten und Personen der eigenen nationalen Zentralregierung Verstöße dagegen zu verwehren. Denn tendenziell umso ähnlicher sind sich die eigene nationale Zentralregierung eines Staatszugehörigen und eine für ihn ausländische nationale Zentralregierung darin, persönliche Anliegen des Staatszugehörigen zu seinen Gunsten wie zu seinem Nachteil beeinflussen zu können.

Je mehr und je gleichmäßiger in ihren Anteilen an den regionalen Gesamtbevölkerungen über die Erde verteilt Menschen sich das *Provisorium* zu eigen machen würden, tendenziell umso mehr Gefährdungen der öffentlichen Sicherheit, die von Menschen ausgehen, könnten auf relativ niedrigen Eskalationsstufen, in denen es noch ein Zeitfenster zum Einhaltgebieten gibt, die Aufmerksamkeit von Beobachtern in einigermaßen adäquater Gewichtung finden und ausgeblasen werden. Je mehr Menschen das *Provisorium* nutzen würden, tendenziell umso größere Aufmerksamkeit fände unter diesen Menschen der Aufbau, die Aufrechterhaltung und Verteidigung des Weltregimes auf der Grundlage symmetrischeren Regierens.

Je mehr Menschen auf der Erde sich symmetrischer regieren würden, umso weniger Staaten und Menschen blieben übrig, die losgelöst vom Bedürfnis nach öffentlicher Sicherheit zum Kräftemessen in bewaffneten Auseinandersetzungen neigen. Tendenziell umso weniger wäre man zum Gewährleisten eines von zerstörerischen Aggressionen weitestmöglich verschonten Koexistierens unterschiedlich durchsetzungsmächtiger Staaten auf ein weniger haltbares Gleichgewicht aus Bündnissen von Staaten, die sich gegenseitig in Schach halten, angewiesen. Tendenziell umso wirksamer ließen sich auch der Wettbewerb der Volkswirtschaften um die Gunst international tätiger privatwirtschaftlicher Unternehmen und Investoren, Laisser-faire und Vergünstigungen eindämmen, die staatsintern wie übernational öffentlicher und rechtlicher Sicherheit abträglich sind.

All diese Merkmale der Anwendung des *Provisoriums* könnten sich tendenziell günstig dahingehend auswirken, über das zuvor Erreichbare hinaus weltweit so nachhaltig und umfassend wie möglich öffentliche und rechtliche Sicherheit zu gewährleisten. Man käme seltener in die Lage, mit einer schon fortgeschrittenen Spirale der Zerstörung zwischen Menschen konfrontiert zu sein, und außer dem Empörtsein darüber dem Geschehen erst einmal nichts Wirksames entgegensetzen zu können. Das skizzierte Weltregime unter Einbeziehung des *Provisoriums* würde als Komponente zusammen mit allen Methoden der Innen- und Außenpolitik, die sich bereits bewährt haben, um öffentliche Sicherheit bei größtmöglicher Gewährleistung individueller Grundrechte zu schaffen, die verhältnismäßig am wenigsten unzulängliche Vorgehensweise sein, von Menschen verursachte zerstörerische Auseinandersetzungen, die keine Sieger unter den unmittelbar Beteiligten, nur noch viel Vernichtung für die Konfliktparteien, vielleicht das Ende der Menschheit mit sich bringen würden, so unwahrscheinlich wie möglich zu machen. Anders ausgedrückt: Kommt es zu terroristischen oder militärischen Aggressionen, was, solange die Menschheit existiert, nie ganz auszuschließen sein wird, würden die Chancen für die Angegriffenen wie auch für fernwirkend Betroffene, daraus mit den kleinstmöglichen Verwundungen und Folgelasten hervorzugehen, am größten sein.

Mehr Optionen zur Abschreckung vor übernationaler Beschädigung öffentlicher Sicherheit

Wer sich übernational für öffentliche Sicherheit einsetzt und ausländischen Machthabern, die in bestimmter Hinsicht dagegen verstoßen haben und dies fortgesetzt tun könnten, mit Gegenmaßnahmen antworten oder solche androhen möchte, muss Handlungsweisen ausschließen, deren Anwendung voraussichtlich zu noch größerer öffentlicher Verunsicherung führen würde. In diesem Sinne ungeeignet sind Wirtschaftssanktionen gegen Millionen Menschen, die selbst nicht die Quelle der beklagten oder befürchteten Schädigung öffentlicher Sicherheit sind, aber infolge der Sanktionen verschärft ums Überleben kämpfen müssten. Kontraproduktiv sind auch alle Operationen geheimdienstlicher, offen terroristischer oder militärischer Art, die im Zielgebiet tragende Säulen öffentlicher Sicherheit nachhaltig beeinträchtigen oder zerstören und so das betroffene Land weniger regierbar machen könnten. Je mehr Menschen auf eine solche Destabilisierung des öffentlichen Lebens hin aus dem Land fliehen würden, tendenziell umso eher wäre man auch in deren Zielstaaten nicht länger in der Lage, die öffentliche Sicherheit im zuvor gegebenen Umfang aufrechtzuerhalten. Wenn Wirtschaftssanktionen und Handlungen mit zerstörerischer Intention keine geeigneten Mittel der Abschreckung vor einer Schädigung übernationaler öffentlicher Sicherheit sind, stellt sich die Frage nach zielführender vom Verletzen öffentlicher Sicherheit abschreckenden Verhaltensweisen.

Was diesbezüglich können internationales Recht und internationale Gerichtsbarkeit leisten? Je mehr internationales Recht und internationale Justiz allein durch national zentralregierende Personen von Staaten getragen, je weniger im Bewusstsein der Millionen Staatszugehörigen als wertvoll bewacht werden, tendenziell umso eher können internationales Recht und internationale Gerichtsbarkeit Instrumente für zentralregierende Politiker einzelner besonders mächtiger Staaten sein, im vermeintlichen eigenen Interesse etwas international durchzusetzen, dessen rechtliche Begründung sie für den eigenen Staat, wenn es zu dessen Nachteil wäre, nicht akzeptieren würden und dessen Vollzug sie zu verhindern suchten.

Je häufiger ein Urteil eines internationalen Gerichts nicht vollstreckt werden kann, tendenziell umso eher entstehen Zweifel in der Weltöffentlichkeit an der Autorität des Gerichts. Je häufiger hinsichtlich des Umgangs eines internationalen Gerichts mit Tatbeständen teilweise übereinstimmender Merkmale in der Öffentlichkeit der Eindruck entsteht, dass aus sachfernen Gründen, je nachdem, ob es das zentrale Regieren des einen oder anderen Staates, die eine oder andere Person oder Gruppe betrifft, mehrerlei Maß angewendet wird, tendenziell umso weniger Menschen, die auf die Durchsetzung öffentlicher und rechtlicher Sicherheit bei Gewährleistung verbindlich geltender individueller Grundrechte überall auf der Erde angewiesen zu sein glauben, sehen sich durch das betreffende Gericht in ihren Anliegen unterstützt. Erkennt man in mangelhafter Durchsetzbarkeit internationalen Rechts ein Problem mit Korrekturbedarf, stellt sich die Frage, ob dieser Mangel mit symmetrischerem Regieren und dem Weltregime gelindert oder gar behoben werden könnte. In deren Diensten würden internationales Recht und internationale Justiz von Millionen einzelnen Menschen unterschiedlicher Nationalitäten getragen. Je mehr die Einflüsse von Menschen aufeinander weltweit zunehmen und damit einhergehend ihr Bedürfnis nach weltweiter öffentlicher Sicherheit und weltweit zu gewährleistenden individuellen Grundrechten wächst, tendenziell umso mehr würden internationales Recht und Justiz Einflüssen zentralregierender Personen einzelner Staaten entzogen, wenn diese der weltweiten öffentlichen Sicherheit und der Gewährleistung individueller Grundrechte abträglich sind. Internationalem Recht, das in seiner Mitte an den Beziehungen zwischen Staaten orientiert ist, würde deutlicher als zuvor übernationales Recht vorgesetzt, das in seiner Mitte den Anliegen weltweiter öffentlicher Sicherheit bei Gewährleistung einiger individueller Grundrechte für die Milliarden auf der Erde lebenden Menschen dient. Internationale Gerichte würden sich zur übernationalen Rechtsprechung bekennen und diese Aufgabe nach allgemeiner Auffassung hinreichend widerspruchsfrei erfüllen oder durch eine vorgesetzte übernationale Justiz ergänzt werden.

Angenommen, je mehr Menschen die Erde bevölkern und sich miteinander arrangieren müssen, je höher ihre Ansprüche an den Lebenskomfort sind, tendenziell umso entschiedener ziehen die meisten von ihnen das Leben in einem Staat einer Existenz ohne Staat vor. Ein Staat von Menschen stellt das dar, was seine vielen Teilnehmer aus ihm machen. Merkmale der Staatlichkeit entwickeln sich, bestehen und verschwinden in Abhängigkeit von der Zahl aller daran Partizipierenden und ihren einzigartigen Befindlichkeiten. Der Staat wandelt sich mit dem Rückgang wie auch der Zunahme der Zahl seiner Teilnehmer, mit dem Ausscheiden von Teilnehmern besonderer Merkmale und ihrem Ersatz durch Teilnehmer partiell anderer Merkmale. Davon ausgehend sind unsere Staaten tendenziell umso weniger nachhaltig regierbar, je größere Widersprüche sich zwischen den vielen teils gleichen, teils unterschiedlichen Anliegen seiner einzelnen Teilnehmer auf der einen Seite und dem zeigen, was einige wenige zentral entscheidende Personen diesen vielen Menschen an Bedingungen des Neben- und Miteinander-Existierens vorzuschreiben versuchen. Folglich müssen sich die zentral entscheidenden Personen in all ihrem diesbezüglichen Verhalten staatsintern wie nach außen an der Vereinbarkeit mit den individuellen Anliegen der vielen am Staat Teilnehmenden orientieren, wenn deren Nebeneinander- und Zusammen-Existieren so nachhaltig wie möglich funktionieren soll. Je mehr die Einflüsse von Menschen auf- und Interdependenzen untereinander übernational zunehmen, tendenziell umso mehr Wert legen die Staatszugehörigen darauf, dass die zentral entscheidenden Personen der weltweiten öffentlichen Sicherheit sowie der Gewährleistung möglichst umfassender individueller Grundrechte dienen. Diese Forderung richtet sich insbesondere auch an diejenigen, die zentral entscheidend national, inter- beziehungsweise übernational Gesetzgebung und Justiz beeinflussen.

Wer das digitale Netz der zweiten Struktur nutzen würde, könnte darin auf tendenziell kürzeren Wegen der Recherche als in digitalen Netzen erster Struktur im Prinzip ähnlich wie im nationalen Rahmen übereinstimmende Merkmale seiner Person mit einem bestimmten übernational geltenden Gesetz wie auch übereinstimmende Merkmale seiner Person mit einem bestimmten Urteil eines übernationalen Gerichtes ermitteln. Dabei würde sich unter anderem auch herausstellen, ob übernationales Recht oder ein übernationales Gerichtsurteil individuelle Anliegen öffentlicher Sicherheit und der Gewähr individueller Grundrechte des Recherchierenden tendenziell fördert oder beeinträchtigt. Je häufiger Staatszugehörige bei ihren Recherchen einen im Hinblick auf ihre individuellen Anliegen tendenziell förderlichen Einfluss übernationalen Rechts und übernationaler Gerichtsurteile erkennen, tendenziell als umso unverzichtbarer würden die Betroffenen übernationales Recht und übernationale Rechtsprechung bewerten.

Übernationales Recht und übernationale Justiz können ihren Beitrag zur öffentlichen Sicherheit tendenziell umso eher erfüllen, je genauer man begreift, was weltweit gültige individuelle Grundrechte sein können und was nicht, je präziser man einerseits bis zum Limit alles einbezieht, was diesbezüglich für alle lebenden Menschen realisierbar ist und je konsequenter man andererseits der Versuchung widersteht, die weltweit gültigen individuellen Grundrechte mit Rechten zu überfrachten, die niemals annähernd allen lebenden Menschen zugutekommen können. Dies schließt nicht aus, dass ein Staat seinen Zugehörigen weiter gefasste individuelle Grundrechte gewährt, wenn er dazu in der Lage ist.

Je weniger Diskrepanzen zwischen persönlichen Anliegen öffentlicher Sicherheit bei Gewährleistung einiger individueller Grundrechte und übernationalem Recht sowie übernationaler Rechtsprechung den vielen einzelnen Menschen beim Recherchieren im Netz zweiter Struktur auffielen, tendenziell umso weniger Korrekturen würden diese Menschen an übernationalem Recht und übernationaler Rechtsprechung für erforderlich halten. Umgekehrt: Eine je größere Diskrepanz ein Recherchierender feststellen, als je höher er die davon ausgehende Gefährdung seiner persönlichen Anliegen öffentlicher Sicherheit bei Gewährleistung einiger individueller Grundrechte bewerten würde, tendenziell umso eher wäre er dazu motiviert, nach Möglichkeiten eines eigenen Beitrages zu suchen, die Diskrepanz zu reduzieren oder zu überwinden.

Je mehr Staatszugehörige sich so verhielten, tendenziell umso eher wären sie gemeinsam dazu in der Lage sicherzustellen, dass übernationales Recht und übernationale Rechtsprechung sich im Einklang mit dem Ziel öffentlicher Sicherheit bei Gewährleistung einiger individueller Grundrechte befinden. Wer sich dem widersetzen würde, müsste damit rechnen, dass sein Verhalten nicht nur von einer für ihn überschaubaren Gruppe von Personen und nicht bloß in den Grenzen des eigenen Staates, sondern potenziell von mehreren Milliarden Menschen weltweit in ihren jeweiligen individuellen Befindlichkeiten und Perspektiven auf die Relevanz für die öffentliche Sicherheit und individuelle Grundrechte hin geprüft werden könnte; dass sich beim Lautwerden des Vorwurfs einer Diskrepanz seines Verhaltens zu Anliegen weltweiter öffentlicher Sicherheit bei Gewährleistung individueller Grundrechte eine Macht gegen ihn aufbauen könnte, der er sich beugen müsste und die einen partiellen Ausschluss aus dem Weltregime, erhebliche Einschränkungen seiner persönlichen Ansprüche an die Lebensgestaltung für ihn bedeuten könnte.

Gesetzt den Fall, ein in seinem Land führender, national zentralregierender Politiker beachtet die Gewährleistung individueller Grundrechte nur soweit, wie er innerhalb der Landesgrenzen zu seinem Machterhalt auf die Unterstützung von Staatszugehörigen angewiesen zu sein glaubt. Übernationale und weltweite öffentliche Sicherheit bei Gewährleistung individueller Grundrechte interessieren ihn nicht. Unbedingt möchte er eine ausländische Macht militärisch angreifen. Ihm fehlt aber die erforderliche Akzeptanz in der eigenen Bevölkerung dafür, weil kaum jemand in der ausländischen Macht eine Gefahr erkennt, die mit einem Militäreinsatz einzudämmen wäre. Angenommen, der Politiker erfindet deshalb eine solche Bedrohung, beeindruckt damit seine Zuhörer und erschwindelt so deren Zustimmung. Weil niemand mehr ihn aufhält, führt er seinen Krieg. Doch Erfolge, die den behaupteten Grund für das Erfordernis des Krieges bestätigen würden, bleiben aus. Immer mehr Menschen, von denen niemals eine Gefahr für den Staat des Aggressors ausging, werden zu Opfern des Krieges. Der Betrug des Politikers wird aufgedeckt. Ohne Weltregime sind seine Aussichten günstig, ein internationales Gerichtsverfahren gegen sich abwenden oder sich der Vollstreckung eines gegen ihn ergangenen international gerichtlichen Urteils entziehen zu können und ungestraft davonzukommen.

Nun angenommen, es gäbe das Weltregime. Der Politiker würde daran partizipieren. In einem übernationalen Gerichtsverfahren würde er wegen des Krieges schuldig gesprochen. Wiederum wäre die Justiz nicht mächtig genug, das Urteil gegen ihn zu vollstrecken. Dann müsste er dennoch mit empfindlichen Nachteilen für sich persönlich rechnen. Denn wer – selbst ein unmittelbares Opfer des Krieges oder auch nicht – das Netz zweiter Struktur nutzen würde, könnte darin nach übereinstimmenden Merkmalen seiner Person mit dem Politiker fragen. Hat der Politiker mit dem Krieg dem Recherchierenden direkt oder in Fernwirkung geschadet oder könnte er dies noch tun, dann würde das Netz dies dem Recherchierenden im Rahmen des aktuell allgemein digital verfügbaren Kenntnisstandes anzeigen. Gegebenenfalls könnte der sich in persönlichen Anliegen von dem Politiker angegriffen Fühlende im Netz zweiter Struktur auf tendenziell kürzerem Weg der Recherche als in digitalen Netzen erster Struktur ermitteln, ob und wenn ja wie er dem Politiker im

Weltregime das Vertrauen entziehen oder vorenthalten könnte. Je nachdem, was er herausfände, könnte er dem Politiker bei Wahrung von dessen weltweit geltenden individuellen Grundrechten partiell die Kooperation auf der Grundlage digitaler Kommunikation in Angelegenheiten des Alltags befristet oder lebenslang verweigern. Er könnte seine Zustimmung zu weiterreichender Teilhabe des Politikers am Weltregime davon abhängig machen, ob dieser sein Verhalten gegenüber dem übernationalen Gericht ändert und sich dem von dort gegen ihn ergangenen Urteil unterwirft. Entsprechend könnten sich weltweit all diejenigen verhalten, die das Netz zweiter Struktur nutzen sowie unmittelbar, indirekt oder wie jeder andere betroffen sich durch den Politiker in ihren persönlichen Anliegen weltweiter öffentlicher Sicherheit verletzt sähen. Tendenziell umso mehr Menschen fänden umso eher Gründe, sich von dem Politiker angegriffen zu fühlen und ihm bei Gelegenheit die Kooperation zu verweigern, je weiter die Einflüsse der am Weltregime Teilhabenden auf- und ihre Abhängigkeiten voneinander fortgeschritten wären. Mit tendenziell umso größerer Wahrscheinlichkeit und tendenziell umso dominanterer Übermacht könnten den Politiker für ihn nachteilige Folgen der Ausgrenzung treffen. Dagegen könnte dieser sich kaum erfolgreich wehren, wenn seine weltweit unveräußerlichen individuellen Grundrechte davon unangetastet blieben. Hat er als Teilhaber am Weltregime das Vertrauen beschädigt, auf das alle angewiesen sind, um persönlich vom Weltregime profitieren zu können, wäre er außerstande, die Teilhaber weltweit dazu zu zwingen, sich darauf zu verlassen, dass er von nun an dem Weltregime zuarbeitet. Je schwerwiegender die Einschränkungen persönlicher Daseinsgestaltung durch partielle Ausgrenzung vom Weltregime für einen Politiker sein könnten, tendenziell umso mehr Gründe hätte er, davor zurückzuschrecken, einen heißen Krieg vom Zaun zu brechen und damit die weltweite Geltung öffentlicher Sicherheit und individueller Grundrechte zu beschädigen.

Wären als Urheber eines Krieges nicht bloß ein einziger Politiker, sondern eine Gruppe von verantwortlichen Personen zu identifizieren, dann könnten diejenigen, die sich in ihrem persönlichen Anliegen weltweiter Gewährleistung öffentlicher Sicherheit und individueller Grundrechte durch die Kriegstreiber angegriffen fühlen, auf die geschilderte Weise jedem Einzelnen aus der Gruppe gegenüber reagieren.

Kein Wunder, wenn das Weltregime funktioniert

Einen bewusstlos und physisch verletzt aufgefundenen Menschen würden Ärzte, die das digitale Informationsnetz zweiter Struktur nutzen, ungeachtet dessen, ob auch er sich dessen schon bedient hat, zu retten versuchen. Wacht der Patient auf und ein Arzt weist ihn medizinisch begründet darauf hin, dass die Chancen auf seine vollständige Genesung am besten wären, wenn auch er das Netz zweiter Struktur nutzen würde, dann willigt der Patient entweder um seiner Genesung willen ein, oder er riskiert, seine Aussichten auf Heilung zu verschlechtern. Willigt er ein, dann nähme er soweit auch am Weltregime teil. Zwar könnte er seine Teilnahme daran jederzeit beenden. Aber je länger sich der Heilungsprozess hinzöge und je länger der Patient das Netz zweiter Struktur für seine Genesung nutzte, tendenziell umso mehr würde er in dem Netz über den gesundheitlichen Aspekt hinaus mit anderen Zusammenhängen konfrontiert. Entsprechend immer weiter geriete er in das Weltregime hinein, falls er sich nicht bewusst dagegen stemmt, womit er aber riskieren würde, dass in den Informationen, deren Kenntnisnahme er verweigert, doch noch ein für seine Genesung relevanter Hinweis enthalten ist. Denn soweit im Netz zweiter Struktur enthaltene Informationen in bestimmten Merkmalen übereinstimmen, würden sie uneingeschränkt offen für Verbindungen und Vernetzungen untereinander sein. Infolgedessen könnten dem Patienten auf seine gesundheitsspezifischen Erkundungen in dem Netz hin auch weiterläufig verknüpfte Antworten zugehen.

Wenn jemand eine geregelte theoretische Ausbildung mit allgemein anzuerkennender Qualifikation absolvieren möchte, aber an allen Schulen und Hochschulen der Umgang mit dem Netz zweiter Struktur obligat wäre, bliebe dem Lernwilligen nichts anderes übrig, als sich darauf einzulassen und damit auch – zumindest während dieser Ausbildung – eine Strecke weit das Weltregime kennenzulernen. Wer feststellt, dass er zur Erfüllung eines persönlichen Anliegens Geld sowie ein Girokonto für Zahlungsaus- und -eingänge benötigt und dafür am Weltregime teilnehmen müsste, akzeptiert dies entweder oder verzichtet auf die Vorzüge eines eigenen Girokontos und damit auch auf die Erfüllung des besonderen Anliegens. Möchte ein Mensch nicht auf das Potenzial verzichten, welches ihm die Nutzung des Netzes zweiter Struktur bietet, im Bedarfsfall unter möglichst vielen Menschen nach solchen zu suchen, die beim

Verwirklichen eines persönlichen Zieles weiterhelfen könnten, müsste er sich soweit auch auf das Weltregime einlassen. Möchte jemand nach Möglichkeit so zeitig vor sein Leben bedrohenden Naturkatastrophen gewarnt werden, dass er sich noch in Sicherheit bringen kann, und setzt dies seine Bereitschaft zur Nutzung des Netzes zweiter Struktur voraus, dann nähme er soweit am Weltregime teil. Möchte jemand möglichst sicher Auto fahren und ginge er das geringste Unfallrisiko bei Nutzung des Netzes zweiter Struktur ein, wäre er auch Teilhaber des Weltregimes. Dies sind nur einige von vielen Beispielen, wie Wünsche nach Erfüllung individueller Bedürfnisse Menschen zu immer mehr Einbindung in das Weltregime bewegen könnten.

Weil das Weltregime seinen einzelnen Mitwirkenden bereits in vielen kleinen Angelegenheiten des Alltags tendenziell mehr im Sinne ihrer jeweiligen Anliegen zu bieten vermag, als wenn sie auf das Weltregime verzichteten, sind die Aussichten gut, dass das Weltregime, einmal begonnen, jeden Meinungsstreit und Interessenkonflikt während seines Heranwachsens und auch später überstehen würde.

Gewinn an Freiheit und damit Eigenverantwortlichkeit
für die Menschheit,
den Zusammenbruch selbst geschaffener
Komplexität in eine fernere Zukunft zu verschieben

Bei allen Unterschieden in ihren Befindlichkeiten stimmen Menschen, die noch etwas in ihrem Leben vorhaben, bezüglich des Anliegens der Aufrechterhaltung ihrer Lebensfunktionen, des Wunsches nach persönlicher Sicherheit und des Begehrens nach individuell empfundener Erträglichkeit ihrer Daseinsbedingungen überein. Als Grundlage ihrer Existenzen sind sie alle auf denselben Planeten und die Pflege seiner Menschenleben zulassenden Eigenschaften angewiesen. Wenn nun bei einer Erdbevölkerung von mehreren Milliarden Menschen permanent irgendwo irgendwelche Entscheider über bestimmtes Verhalten ihren jeweiligen Intentionen abträgliche Nebenwirkungen zulassen, weil es ihnen an persönlicher Kompetenz im Umgang mit der Komplexität ihrer Daseinsbedingungen mangelt, dann erzielen sie mit ihrem Verhalten einzeln oder akkumuliert auch häufiger Ergebnisse, die eine Förderung von für alle Lebenswilligen maßgeblichen Existenzgrundlagen verfehlen, als wenn sie über mehr diesbezügliche Kompetenz verfügen und diese in ihre Entscheidungen einbringen würden. Wenn pausenlos Menschen irgendwo auf der Erde Entscheidungen für bestimmtes Verhalten treffen, ohne der Vermeidung oder Eindämmung unbeabsichtigter Schädigungen von Grundlagen des Daseins, auf deren Pflege alle angewiesen sind, hinreichende Aufmerksamkeit zu widmen, machen daraus resultierende unerwünschte Nebenwirkungen die Existenzsicherung von tendenziell immer mehr Menschen anstrengender. Dies als gegeben vorausgesetzt, sind davon zwar nicht alle lebenden Menschen ab Beginn der Entwicklung, im weiteren Verlauf zeitgleich an jedem Aufenthaltsort gleichermaßen tangiert. Zudem können einzelne betroffene Menschen ein und dasselbe Geschehen subjektiv unterschiedlich empfinden und bewerten. Doch sollte diese Entwicklung unaufhaltsam fortschreiten und den Verlust nicht adäquat substituier- und für die Menschheit unverzichtbarer Existenzgrundlagen mit sich bringen, bliebe letztendlich kaum ein Flecken Erde übrig, auf dem Menschen sich einem Zusammenbruch entziehen könnten. Gäbe es Gemeinwesen, wo das individuelle beziehungsweise öffentliche Leben noch relativ lang vergleichsweise erträglich funktioniert, dann würden womöglich Menschen in Zahlen dort Zuflucht suchen, die immer weniger zu verkraften wären, sodass sich auch diese Gemeinwesen schließlich der für sie zu großen Last geschlagen geben müssten.

Angenommen der Versuch, eine solche Katastrophe durch eine Ausweitung der Befugnisse von Zentralregierungen in Staaten um den Preis weitreichender Entmündigung der vielen Staatszugehörigen abzuwenden, kommt nicht infrage, entweder weil zu viele Menschen sich dem bewusst widersetzen würden oder deren Verhalten sich nicht hinreichend zielführend mit Maßnahmen zentral entscheidender Personen koordinieren ließe. Dennoch wollen die meisten Menschen eine Zukunft für sich und ihre Nachkommen. Sie sind sich im Klaren darüber, dass dies an ihren mangelnden Fähigkeiten, die Komplexität ihrer Daseinsbedingungen im eigenen Kopf zu beurteilen und Entscheidungen im Sinne ihrer jeweiligen Anliegen zu treffen, scheitern könnte. Ihnen ist bewusst, dass der Grad der Komplexität zum Teil von der Zahl der auf der Erde lebenden Menschen anhängt, dass die Komplexität mit weiterem Wachstum der Erdbevölkerung noch zunehmen würde und dass sie die künftige diesbezügliche Entwicklung nur unzulänglich beeinflussen können. Sie wissen aber auch, dass sie selbst und / oder andere Menschen mit wissenschaftsbasierten Anwendungen maßgeblich zu der Komplexität beitragen. Doch erscheint es zu vielen von ihnen undenkbar, auf wissenschaftsbasierte Anwendungen und damit Lebenskomfort in Arten und Umfängen zu verzichten, die ausreichen würden, Komplexität soweit zu entflechten, dass Menschen damit bei ungefähr gleichbleibenden persönlichen Kopfkompetenzen noch hinreichend existenzsichernd umgehen könnten. All dies als gegeben vorausgesetzt, bietet sich ihnen mit dem symmetrischeren Regieren und dem sich daraus formenden Weltregime nicht nur die größte, sondern vieler Voraussicht nach die einzige Chance, ihre Ansprüche weitestmöglich zu erfüllen. Diese Chance wahrnehmen zu können, setzt aber voraus, dass Wissenschaftler sich dem Aufbau der zweiten Forschungsstruktur zuwenden und damit das digitale Informationsnetz der zweiten Struktur verfügbar machen. Deswegen steht nicht nur über den Kapiteln, die sich mit Perspektiven für ein weiteres wissenschaftliches Erkunden unserer Welt in methodisch höherer Effizienz befassen, sondern über allem in diesem Buch zu Lesenden: Treppe frei für die zweite Forschungsstruktur!

Literaturhinweise

(1)   Ernst Pöppel und Beatrice Wagner: Dummheit – Warum wir heute die einfachsten Dinge nicht mehr wissen; München 2013; S. 206

(2)   Der Experte für Rückversicherungen Hans-Jürgen Schinzler im Gespräch mit der Börsenzeitung (Ausgabe vom 24.04.2012)

(3)   Nouriel Roubini, Stephen Mihm: Das Ende der Weltwirtschaft und ihre Zukunft – Crisis Economics; Frankfurt 2010; S. 261

(4)   »Wir alle sind Cyberborgs« – Interview mit Rolf Pfeifer; Wirtschaftswoche Nr. 52 vom 22.12.2013

(5)   Smith, Adam: »Der Wohlstand der Nationen / Viertes Buch: Systeme der politischen Ökonomie«; herausgegeben von Horst Claus Recktenwald; München 2013, S. 370f.

(6)   Bundeskanzlerin Angela Merkel in ihrer Rede der 5. Lindauer Tagung der Wirtschaftswissenschaften am 20.08.2014 in Lindau

(7)   Thomas Mayer: Europas unvollendete Währung; Weinheim 2013; S. 177f.

(8)   Thomas Mayer: Europas unvollendete Währung; Weinheim 2013; S. 182

(9)   Thomas Mayer: Europas unvollendete Währung; Weinheim 2013; S. 188f.

(10)   Der Experte für Risikokompetenz Ralph Hertwig im Interview mit Daniel Wetzel von der Tageszeitung Die Welt; Ausgabe vom 11.03.2016

(11)   Ronald Reagan: Erinnerungen; Frankfurt am Main 1990; S. 755